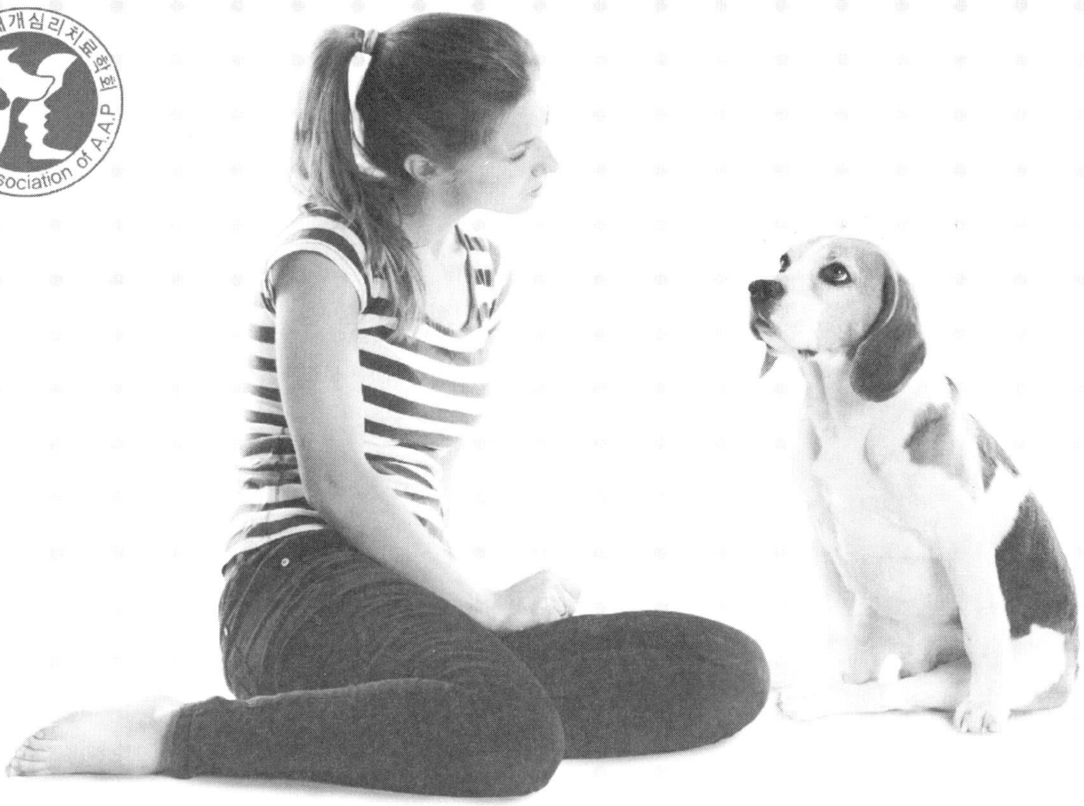

민간자격 인증

동물행동 상담사
자격 수험서

한국동물매개심리치료학회 동물행동상담사 자격위원회 저

Animal Behavior Counselor

발간사

안녕하십니까? 한국동물매개심리치료학회 회장 김옥진입니다.

한국동물매개심리치료학회는 동물매개치료와 동물행동상담 관련 연구와 활동을 수행 하는 각 대학의 교수님과 관련 전문가들의 모임으로 구성된 전문 학술단체입니다.

동물행동상담사는 동물행동상담을 수행할 수 있는 자격을 취득한 자로서 인간과 반려동물과의 상호작용을 이해하고 반려동물의 행동상담을 통해 동물보호자 가족과 반려동물의 올바른 관계성을 맺도록 도와주며, 인간과 반려동물의 삶의 질을 개선하는데 도움을 주며, 나아가 동물복지와 동물매개치료활동의 역할을 담당하게 됩니다.

한국동물매개심리치료학회(http://www.kaaap.org/)는 국내 처음으로 동물행동상담 관련 자격증으로 민간자격 인증된 동물행동상담사 자격증(등록번호 2013-1206)을 발급하고 있습니다.

현재 동물행동상담사의 중요성이 대두되고 있는 상황입니다. 동물행동상담사는 문제 행동의 분석과 행동교정을 통하여 반려동물의 문제 행동을 해결하기 때문에 훈련소 입소에 따른 부작용을 예방할 수 있습니다. 또한 가정 방문을 통하여 보호자를 교육하는 프로그램을 운영할 수 있어, 반려동물에 주는 스트레스를 최소화할 수 있으며, 보호자들이 문제 행동 교정 과정에 능동적으로 참여하는 과정 동안에 보호자와 그들의 반려동물 사이에 상호 교감의 기회가 늘어나고 이해의 폭이 넓어질 것입니다.

동물행동상담사는 반려동물 문제 행동 교정을 담당하는 전문가로서 반려동물 스트레스를 최소화할 수 있고, 반려동물 복지 향상에 기여하며, 반려동물과 보호자 간의 상호교감을 증대시켜 행복한 반려동물 문화 형성에 기여합니다. 또한 동물행동상담사는 다양한 형태의 보호자 교육이 가능하며, 동물행동상담센터를 독립적으로 운영이 가능하고, 방문 프로그램 운영 및 전화와 인터넷을 활용한 상담이 가능하다. 또한 동물행동상담사는 다양한 진로 선택이 가능하다는 강점을 가지고 있습니다. 동물행동상담사는 보호자와 그들의 반려동물을 연결해 주는 다리(bridge)

역할을 하며, 문제 행동을 유발하는 반려동물이 보호자로부터 포기되는 불행한 결과들을 예방할 수 있어, 반려동물의 삶의 질을 높이고 동물복지 향상을 실현하는 중요한 역할을 할 수 있습니다.

한국동물매개심리치료학회에서는 정기적인 학술대회와 학회지 발간을 관련 연구자들에 더욱 유익한 정보를 제공할 수 있는 기회의 장을 제공하고 있습니다. 또한 학회에서 유일하게 인증하는 동물매개심리상담사 자격증 발급을 통하여 동물매개치료 활동과 심리상담 활동을 수행할 수 있는 인력 양성과 보급에 힘쓰고 있습니다.

본 수험서는 한국동물매개심리치료학회 공인 동물행동상담사 자격시험 기준에 따라 그동안 자격위원회에서 개발하여 보유하고 있는 문제은행에서 동물행동상담사에게 중요하다고 판단된 내용의 요약과 문항을 추려 묶은 동물행동상담사 자격 수험서입니다. 본 문제집의 문항은 전문성 있는 각 대학 집필진 교수님들께서 풍부한 학문과 임상 경험을 반영하여 개발한 문제들입니다. 문항개발에 수고해주신 집필진의 노고에 다시 한 번 감사의 마음을 전합니다. 또한 개발된 문항을 바로잡고, 해설을 수록하고, 편집한 대표 저자 분들의 노력에도 격려의 말씀을 전합니다.

본 수험서를 통해 동물행동 관련 전문성과 동물복지 및 윤리의식을 갖춘 소양 있는 동물행동상담사가 다수 배출되어 국내 동물행동상담 분야의 발전을 견인해 주기를 희망합니다. 본 수험서의 부족한 부분은 독자와 선생님들의 지적과 충고를 통해 바로잡고 보완하도록 지속적으로 노력하겠습니다.

저자 일동

일러두기

01. 본서는 동물행동상담사 자격시험을 준비하는 수험생을 위해 한국동물매개심리치료학회 동물행동상담사 자격위원회에서 공식 발간하는 수험서로 시험과목의 주요 내용 및 출제 예상 문제 등으로 편성되어 있습니다.

02. 본서의 구성은 크게 1부 반려동물행동학 부분과 2부 동물행동상담학 및 3부 보호자 상담학 부분으로 나누어 각 1부와 2부 및 3부의 이해를 돕기 위한 세부 chapter를 나누어 구성되었습니다.

03. 각 과목 세부목차에 따라 chapter를 설정하고 내용 및 문제를 분류하였으며, 문제 하단에는 정답과 해설을 두어 수험생이 참고할 수 있도록 하였습니다. 문제의 해설은 문제를 풀이하는데 기본적인 내용으로 한정하였기에, 문제의 내용을 충분히 이해하기 위해서는 '반려동물행동학. 동일출판사. 2012년' 교재와 '동물행동상담학. 동일출판사. 2014년' 교재를 참고하여야 합니다.

04. 국내에서 동물행동상담을 담당하는 사람의 공식명칭은 한국동물매개심리치료학회 규정에 의해 동물행동상담사로 통일하여 사용합니다.

05. 본서의 내용 및 문제와 동물행동상담사 자격시험에 관한 문의는 한국동물매개심리치료학회에 전화 또는 홈페이지 게시판을 통해 문의하시기 바랍니다.

■ **한국동물매개심리치료학회**

○ 홈페이지 주소 : http://www.kaaap.org
○ 주   소 : 570-749 전북 익산시 익산대로 460.
　　　　　　　원광대학교 동물자원개발센터(內) 한국동물매개심리치료학회 사무국
○ 전화번호 : 063) 850-6089, 6668, Fax: 063-850-6089
○ 이 메 일 : kaaap@daum.net

동물행동상담사가 되려면?

동물행동상담사는 동물행동상담을 수행할 수 있는 자격을 취득한 자로서 인간과 반려동물과의 상호작용을 이해하고 반려동물의 행동상담을 통해 동물보호자 가족과 반려동물의 올바른 관계성을 맺도록 도와주며, 인간과 반려동물의 삶의 질을 개선하는데 도움을 주며, 나아가 동물복지와 동물매개치료활동의 역할을 담당한다.

한국동물매개심리치료학회(http://www.kaaap.org/)는 국내 유일하게 동물행동상담 관련 자격증으로 민간자격 인증된 동물매개행동상담사 자격증(등록번호 2013-1206)을 발급하고 있다.

동물행동상담사 자격증 발급을 희망하는 경우에 한국동물매개심리치료학회 (http://www.kaaap.org/)에서 실시하는 동물행동상담사 자격시험의 검증을 받아 합격자에 한하여 자격증을 취득할 수 있다.

동물행동상담사의 자격 등급 종류와 검정 기준은 표 1 ~ 표 4와 같다.

〈표 1. 동물행동상담사 자격 등급〉

자격종목	등급	수준	자격활용현황
동물행동상담사	전문가	전문가 수준의 동물행동상담사로 동물문제행동 상담 및 동물행동상담사 1급 및 2급의 교육과 임상 등 해당 사무능력을 갖춘 책임자로서의 최고급 수준	동물행동상담센터 개설
	1급	준전문가 수준의 동물행동상담사로 동물문제행동 상담의 고급 수준	동물행동상담센터 개설
	2급	동물행동상담사 1급을 취득할 수 있는 기회가 주어지며, 임상실습을 통한 전문상담사의 보조 수준	동물행동상담센터 및 애견 까페, 동물병원 보조 스텝

〈표 2. 동물행동상담사 자격 검정기준〉

자격종목	등급	검정기준
동물행동상담사	전문가	동물행동상담 분야의 학사학위 이상 소지자로 현장에서 필요한 전문가 수준의 뛰어난 동물매개심리상담의 활용능력 유무.
	1급	동물행동상담 2급자격증을 취득하고 소정의 교육과 임상을 통해 현장에서 필요한 동물행동상담 활용능력과 현장사무를 수행할 능력 유무
	2급	고등학교 졸업 이상자로 학회가 요구하는 소정의 교육과정을 이수하여, 현장에서 필요한 동물행동상담 활용 기본 능력 유무. 또는, 전문대 이상의 졸업(졸업예정)자로서 동물행동학, 애견훈련학, 애견학, 반려(애완)동물학, 동물간호학, 동물복지학 등. 유사과목을 1과목 이상 이수한 자로 현장에서 필요한 동물행동상담 활용 기본 능력 유무.

⟨표 3. 동물행동상담사 자격 검정방법과 검정과목⟩

자격종목	등급	검정방법	검정 과목(분야 또는 영역)
동물행동상담사	전문가	필기	고급동물행동학
			동물보호자상담학
	1급	필기	동물행동학
			보호자상담학
	2급	심사	동물행동학, 애견훈련학, 애견학, 반려(애완)동물학, 동물간호학, 동물복지학 등. 유사과목을 1과목 이상 이수한 자.

⟨표 4. 동물행동상담사 자격 응시자격⟩

자격종목	등급	응시자격
동물행동상담사	전문가	1. 동물행동상담사 1급 취득자로, 학회 또는 학회에서 인정하는 기관에서 주관하는 소정의 교육과정 16시간과 임상실습을 2년 동안 200시간 이상 이수한 자. 2. 해당과목(동물행동학, 고급동물행동학, 동물보호자상담학, 고급동물보호자상담학 등. 유사과목)의 석사학위 이상의 학력을 소지한 자로 학회또는 학회에서 인정하는 기관에서 주관하는 소정의 교육과정 16시간을 이수한 자. 3. 박사학위 이상의 학력 또는 그와 동등한 현장 실무 경력 3년 이상, 3년 동안 임상 600시간 이상 자로, 학회 또는 학회에서 인정하는 기관에서 주관하는 소정의 교육과정 16시간을 이수한 자.
	1급	1. 동물행동상담사 2급 취득자로, 학회 또는 학회에서 인정하는 기관에서 주관하는 소정의 교육과정 16시간과 임상실습을 1년 동안 100시간 이상 이수한 자. 2. 학사 이상의 학위소지자로 학회 또는 학회에서 인정하는 기관에서 주관하는 소정의 교육과정 16시간과 임상실습을 1년 동안 100시간 이상 이수한 자. 3. 석사 졸업예정자로 학회가 인정하는 해당 과목(동물행동학, 고급동물 행동학, 동물보호자상담학, 고급동물보호자상담학 등. 유사과목)을 이수한 자.(필기면제, 서류심사)
	2급	1. 고등학교졸업 이상의 학력을 소지한자로 학회에서 운영하는 소정의 동물행동상담사교육 이수자.(필기면제, 서류심사). 2. 전문대학 이상의 졸업(졸업예정)자로, 해당과목(동물행동학, 애견훈련학, 애견학, 반려(애완)동물학, 동물간호학, 동물복지학 등. 유사과목을 1과목 이상) 이수한 자.(필기면제, 서류심사).

동물행동상담사의 비전(vision)

한국동물매개심리치료학회(http://www.kaaap.org/)는 국내 유일하게 동물행동상담 관련 자격증으로 민간자격 인증된 동물매개행동상담사 자격증(등록번호 2013-1206)을 발급하고 있다.

동물행동상담사로서 진로는 동물행동 상담센터 운영 및 스텝으로서의 역할, 애견까페, 애견유치원에서 동물행동상담 전문 스텝으로 근무, 동물병원에서 동물 행동치료 스텝으로 근무, 방문상담으로 반려동물 문제행동 교정 역할 담당, 동물행동상담 콜센터 운영 및 보호자 교육을 통한 반려동물 문제행동 교정 역할, 동물행동 관련 대학원 진학 등을 할 수 있다.

〈표 5. 국내외 동물행동상담 관련 직업〉

국가	자격증	발급처
미국	Associate Certified Applied Animal Behaviorist	Animal Behavior Society
	Certified Applied Animal Behaviorist	Animal Behavior Society
	Certified Dog Behavior Consultant	International Association of Animal Behavior Consultants
	Certified Animal Behavior Consultants	International Association of Animal Behavior Consultants
	Veterinary Behaviorist	American College of Veterinary Behaviorists
	Veterinary Behavior Technician	Society of Veterinary Behavior Technicians
영국	Pet Behaviour Counsellor	Association of Pet Behaviour Counsellors
	Veterinary Behaviorist	British Veterinary Behaviour Association
	Veterinary Behavior Technician	British Veterinary Behaviour Association
일본	애완견방문지도사	-
한국	동물행동상담사(Animal Behavior Counsellor)	한국동물매개심리치료학회 (www.kaaap.org)

1부 반려동물행동학

1장. 동물행동학이란? 2
- 1-1 서론 2
- 1-2 동물행동학의 기초적 개념 2
- 1-3 행동의 구조 4

2장. 가축화에 의한 행동의 변화 9
- 2-1 서론 9
- 2-2 개와 고양이의 가축화의 역사 9
- 2-3 환경변화와 유전적 다양성 9
- 2-4 육종선발과 행동특성 10
- 2-5 문제행동이란? 10

3장. 행동의 발달 14
- 3-1 서론 14
- 3-2 행동발달의 과정 14
- 3-3 행동발달의 개체차와 문제행동 16

4장. 생식행동 20
- 4-1 서론 20
- 4-2 동물행동학에서 본 생식전략 20
- 4-3 성행동 22
- 4-4 육아행동 23

5장. 유지행동 30
- 5-1 서론 30
- 5-2 섭식행동 30
- 5-3 배설행동 32
- 5-4 몸단장행동 32
- 5-5 문제행동과의 관계 33

6장. 사회적 행동 36
- 6-1 서론 36
- 6-2 동물의 사회구조 36
- 6-3 공격행동 37
- 6-4 친화행동 38
- 6-5 문제행동과의 관계 39

7장. 커뮤니케이션 42
- 7-1 서론 42
- 7-2 개의 커뮤니케이션행동 42
- 7-3 고양이의 커뮤니케이션행동 44

8장. 동물의 학습원리 48
- 8-1 서론 48
- 8-2 순화(길들임) 48
- 8-3 고전적 조건화 48
- 8-4 조작적 조건화 49
- 8-5 처벌 50

9장. 문제행동의 종류 53
- 9-1 문제행동이란? 53
- 9-2 개에게 보이는 주된 문제행동 53
- 9-3 고양이에게 보이는 주된 문제행동 55
- 9-4 문제행동 수정을 할 때의 주의점 57

10장. 행동수정의 과정 60
- 10-1 행동수정의 흐름 60
- 10-2 질문표에 의한 진찰전 조사의 실시 60
- 10-3 행동상담(consultation) 61
- 10-4 의학적 조사 63
- 10-5 진단 63
- 10-6 행동수정방침의 설명 64
- 10-7 follow up 64

11장. 행동수정의 기본적 수법 68
- 11-1 행동수정법 68
- 11-2 약물요법 72
- 11-3 의학적 요법 73

12장. 개의 문제행동 76
- 12-1 서론 76
- 12-2 문제행동 76
- 12-3 공포/불안에 관련된 문제행동 81
- 12-4 그 외의 문제행동 83

13장. 고양이의 문제행동 90
- 13-1 서론 90
- 13-2 부적절한 배설 90
- 13-3 공격행동 92
- 13-4 그 외의 문제행동 95

14장. 문제행동의 치료 99
- 14-1 서론 99
- 14-2 행동수정법 99
- 14-3 약물요법 105
- 14-4 의학적요법 105

15장. 문제행동의 예방 109
- 15-1 문제행동의 예방 109

2부 동물행동상담학

1장. 동물행동상담학 개요 — 118
- 1-1 동물 행동학(ethology, 動物行動學)이란? — 118
- 1-2 반려동물이란? — 119
- 1-3 동물매개치료란? — 119
- 1-4 동물행동상담학이란? — 120
- 1-5 반려동물의 문제 행동에 대한 접근 방식의 변화 — 120
- 1-6 동물행동상담사의 국내외 현황 — 121
- 1-7 동물행동상담사가 되려면? — 121
- 1-8 동물행동상담사의 비전(vision) — 122

2장. 문제행동의 교정 — 125
- 2-1 서론 — 125
- 2-2 행동수정법 — 125
- 2-3 약물요법 — 127
- 2-4 의학적 요법 — 127

3장. 개의 문제행동과 교정 — 130
- 3-1 무엇이 개의 문제 행동인가? — 130
- 3-2 개에게 나타나는 문제행동의 주된 원인 — 132
- 3-3 개의 일반적 문제 행동의 교정 — 133
- 3-4 반려견의 기본교육 — 136
- 3-5 체벌(corporal punishment, 體罰) — 137

4장. 고양이의 문제행동과 교정 — 140
- 4-1 무엇이 고양이의 문제 행동인가? — 140
- 4-2 고양이에게 나타나는 문제행동의 주된 원인 — 141
- 4-3 고양이의 일반적 문제 행동의 교정 — 142
- 4-4 상담자로서의 자격 — 143

5장. 동물행동상담의 과정 — 146
- 5-1 문제 행동의 원인 — 146
- 5-2 문제 행동 — 146
- 5-3 동물행동상담의 의학적 조사 — 146
- 5-4 문제행동 분석 — 147
- 5-5 행동상담 — 148
- 5-6 행동교정 처방 — 149
- 5-7 후속조치(Follow up) — 149

3부 보호자 상담학

1장. 상담의 기본 개념   154
     1-1   상담의 정의   154

2장. 기본적인 상담기법   164
     2-1   경청 · 질문 · 반영 · 명료화   164
     2-2   직면 · 해석   169

3장. 상담의 과정   176
     3-1   면접   176
     3-2   초기상담   177
     3-3   중기 단계   181
     3-4   종결 단계   182

4장. 상담 윤리   189
     4-1   전문가로서의 태도   189
     4-2   상담 관계   191
     4-3   비밀 보장   194

5장. 상담에 영향을 미치는 요인들   201
     5-1   내담동물보호자 요인   201
     5-2   동물행동상담사 요인과 상호작용 요인   204
     5-3   가치문제   206

6장. 유능한 동물행동상담사   211
     6-1   유능한 동물행동상담사 효과성   211
     6-2   유능한 동물행동상담사의 기대   215

반려동물행동학

1장 _ 동물행동학이란?
2장 _ 가축화에 의한 행동의 변화
3장 _ 행동의 발달
4장 _ 생식행동
5장 _ 유지행동
6장 _ 사회적 행동
7장 _ 커뮤니케이션
8장 _ 동물의 학습원리
9장 _ 문제행동의 종류
10장 _ 행동치료의 과정
11장 _ 행동치료의 기본적 수법
12장 _ 개의 문제행동
13장 _ 고양이의 문제행동
14장 _ 문제행동의 치료
15장 _ 문제행동의 예방

제1장 동물행동학이란?

1 서론

동물이란 글자그대로 '움직이는 것'이며 사전에는 '운동과 감각의 기능을 가진 생물군으로 일반적으로 식물과 대치되는 것'이라고 되어 있다. 그리고 영어의 animal이라는 말도 '살아 있다'를 의미하는 라틴어 anima에서 온 것이다.

유럽에서 동물행동학(Ethology)라는 새로운 학문분야가 탄생하여 로렌츠, 틴베르겐 그리고 프리슈 3인의 선구자들이 함께 노벨상(1973년도 의학생리학상)을 수여한 것이 하나의 계기가 되어 동물행동학은 20세기 후반에 대단한 발전을 이루었다.

2 동물행동학의 기초적 개념

(1) 동물의 개념

생득적 행동이란 학습이나 연습을 필요로 하지 않고, 로렌츠나 틴베르겐 등이 제창한 기본적인 개념 중에는 현대에도 통용되는 중요한 개념이 몇 가지나 있다. 그 중 하나가 생득적 해발기구라는 개념이다. 생득적이라는 것은 태어나면서 모방하지 않고, 또한 환경에서의 영향도 받지 않고 발달하는 행동을 가리키는데 이러한 생득적 행동의 조합이야말로 각각의 동물의 행동을 특징짓고 있는 것이다.

(2) 행동학연구의 4분야

행동의 지근요인, 행동의 궁극요인, 행동의 발달, 행동의 진화의 각 관점으로 이것을 '행동학연구의 4분야'라고 부른다(표 1-1).

〈행동학연구의 4분야〉

(1) 행동의 지근요인(Proximate factor) : 행동의 메커니즘을 연구하는 분야
(2) 행동의 궁극요인(Ultimate factor) : 행동의 의미(생물학적 의의)를 연구하는 분야
(3) 행동의 발달(Development or Ontogeny) : 행동의 개체발생(발달)을 연구하는 분야
(4) 행동의 진화(Evolution or Phylogeny) : 행동의 계통발생(진화)을 연구하는 분야

(3) 적응도

현대의 동물행동학을 지지하는 중요한 기본적 개념 중 하나가 적응도(Fitness)라는 사고이다. 이것은 생애번식성공도(Lifetime Reproductive Success)라고 하며 수치로 나타낼 경우, 어느 동물이 낳은 새끼의 수(즉, 출산수)와 그 새끼들이 번식연령에 도달하기까지의 생존율의 곱으로 나타낸다.

동물들은 다양한 번식전략을 취하면서 결과적으로 적응도를 높일 수 있는 길을 걸어온 것이다. 적응도의 상승에 성공한 동물들의 자손이 그 환경에서 번영을 한다. 이러한 관점에서 보면, 어떤 새로운 행동이 적응도의 상승으로 이어지면 그러한 행동변화를 초래한 유전자의 변이가 다음 세대에도 출현빈도가 높아지게 된다. 이렇게 하여 세대가 거듭되는 동안 특정행동이 진화해간다. 라는 것이 이 적응도의 기본적인 개념이다.

(4) 이타행동과 포괄적응도

적응도를 높이기 위한 동물의 이기적이라고도 생각되는 행동과는 모순되는, 이타적인 행동의 예도 수없이 알려져 있다.

적응도의 개념을 확대하여 '포괄적응도' 라는 개념이 제창되었다. 이것은 어떤 개체가 자신과 혈연관계에 있는 다른 개체의 생존과 번식을 도움으로써 자신과 공유하고 있는 유전자세트가 그 근연개체의 번식성공을 통해 다음 세대로 이어진다는 개념이다.

3 행동의 구조

(1) 동물의 생득적 행동

태어나면서부터 가지고 있는 각 동물 종에 특유한 행동양식을 '생득적 행동'이라 하며 학습에 의해 후천적으로 획득된 습득적 행동(학습행동/획득행동)으로 구별한다.
ex) 수캐가 전신주에 한쪽 다리를 들고 배뇨를 하는 행동은 생득적 행동이지만 주인의 명령에 따라 '앉아'를 하는 것은 학습에 의해 획득된 행동

(2) 고차뇌기능의 발달과 행동의 복잡화

행동의 유연성이라는 것은 상황에 따라 새로운 행동양식을 학습하거나 조립하는 능력에 관련되며 이것은 뇌, 특히 대뇌신피질의 발달과 관계가 깊다. 쥐도 개도 그리고 사람도 뇌의 중심에 가까운 부분의 구조나 기능은 거의 동일하다. 이 부분은 호흡이나 순환, 체온과 같은 자율기능을 유지하고, 에너지의 균형을 감시하고 있어 식욕을 일으키거나 휴식을 지시하는, 즉 살아가기 위해 반드시 필요한 신체의 기능을 제어하는 뇌간의 부분이다.
이러한 기본적인 생명활동 부분은 공통이지만 그 뇌간을 감싸는 외투부분, 즉 신피질의 발달정도에는 종간에 큰 차이가 보인다. 이 대뇌신피질은 다양한 고차의 뇌기능에 관련되어 있는데 그 중에는 과거의 경험에 비추면서 상황에 대응한 적절한 행동을 선택하여 실행하거나, 그 상황에서의 특정 결과를 정동반응과 관련지어 학습하거나, 장래의 사건을 예측하여 불안이나 기대를 일으킴으로써 행동패턴에 영향을 주거나 하는 것 등이 포함되어 있다.

(3) 인간의 관여가 초래하는 행동의 변화

우리 주변의 동물들의 행동을 이해하기 위해서는 다음의 2가지 개념이 중요하다.
첫째, 야생의 선조 종의 행동에 대해 그들이 생활하는 자연환경 속에서 어떻게 하여 각각의 종을 특징짓는 외모적 변화(신체의 크기나 형태)가 진화했고, 동시에 특유의 행동양식이 진화해 왔는지를 생각해보는 것
둘째, 그런 다음 인간과 함께 생활하게 됨으로써 동물들의 행동에 어떠한 변화가 일어났는가를 생각해보는 것

(4) 행동이 일어나는 구조

1) 생득적 해발기구

생득적 행동(Innate Behavior)이란 학습이나 훈련 없이, 다른 개체에서 모방하지 않고, 그리고 환경의 영향도 받지 않고 발달하는 행동을 말한다.

2) 행동의 동기부여

동기부여(Motivation)는 어떤 목적을 위해 동물이 특정행동을 하는데 필요한 메커니즘이다.

동기부여는 ①개체의 생존을 위한 식욕, 수면욕, 배설욕, 체온과 호흡의 유지욕과 같은 호메오스타시스(homeostasis)성 동기부여 ②종의 존속을 위한 성욕과 육아욕과 같은 번식성의 동기부여 ③호기심이나 조작욕, 접촉욕과 같은 내발적 동기부여 ④정동적 동기부여 ⑤사회적 동기부여 등 다양한 종류로 분류할 수 있다는 것이 제창되었다.

(5) 동물의 감각세계

우리들 인간이 생활하는 감각세계는 동물들의 감각세계와 같은 것만은 아니다.
시각, 청각, 후각 등 어떠한 감각에 대해서도 동물과 인간은 지각할 수 있는 정보의 물리화학적 성질과 감도에 큰 차이를 보이는 경우가 많다.

ex) 뱀 – 공기관이라는 적외선탐지장치를 가지고 있음
    외양간올빼미 – 음의 시간차로 음파정위를 하여 먹이가 있는곳을 정확히 알아내는 것
    누에나방 – 성페로몬인 본비콜은 수 km 떨어진 곳에 있는 수컷을 부름

(6) 커뮤니케이션과 신호

동물은 각각의 종에 특유한 울음소리와 소리(청각신호), 표정, 자세와 동작(시각신호) 또는 체취와 페로몬(후각신호) 등을 사용하여 정보를 교환한다. 이러한 신호가 전달하는 내용으로는 개체의 귀속에 관한 정보(조, 성, 연령, 집단, 혈연 등), 개체의 내적 상태에 관한 정보(영양, 내분비, 동기부여, 정동 등), 외계의 사상에 관한 정보(먹이나 적의 존재 등) 등을 들 수 있다. 특히 동료 간의 커뮤니케이션에 관한 것으로 동물행동의 진화과정에서 하나의 신호행동이 매우 정형적이면서 명료해진 것을 의식화(Ritualization)된 행동이라 부르는 경우가 있다. 동물들이 보이는 행동

의 레퍼토리를 충분히 이해함에 따라 그 개체에 관한 다양한 정보를 얻을 수 있으므로 커뮤니케이션이나 신호에 대해 알아둘 필요가 있다.

(7) 행동의 발달과 학습

캘리포니아공과대학의 연구그룹에 의해 실시된 작은 새의 지저귐에 관한 흥미로운 연구가 있다. '태생이냐 환경이냐'라는 말이 자주 사용되는데 이 그룹에 의한 발견은 2가지 모두 행동발달에 매우 중요하다는 것을 명쾌하게 제시한 것으로 유명하다.
이것은 울참새라는 새의 지저귐이 같은 캘리포니아 주 안에서도 서식하는 장소에 따라 조금씩 다르다, 즉 방언이 있다는 현상을 들어 그 구조를 조사한 것이다. 즉, 새의 지저귐은 본능적으로 처음부터 내재되어 있는 것이 아니라, 어느 시기에 기억이 형성되고 한참 뒤에 필요해졌을 때 그 기억을 불러내 이것을 견본으로 연습을 반복함에 따라 각 토지의 방언이라 할 수 있는 독특한 지저귐이 탄생하는 것이다. 이와 같은 현상을 '개체발생에서의 행동의 가소성'이라고 한다.

(8) 행동의 진화와 유전

다윈이 제창한 '자연선택설'에서 보면 이해하기 쉬울 것이다. 자연선택설은 이하의 5가지 원리로 성립된다.

① 동종의 생물이라도 모두가 같은 것은 아니다. 개체 간에는 변이, 즉 개체차가 존재한다.
② 모자의 모습이 비슷한 것처럼 어떤 종의 변이는 유전된다.
③ 생존과 번식에는 다양한 경쟁이 존재한다. 즉, 한정된 먹이와 둥지 또는 배우자 등을 둘러싸고 개체 간에 경쟁이 일어나기 때문에 태어난 모든 새끼들이 성장 할 때까지 자라서 자손을 남길 수 있는 것은 아니다.
④ 생존 또는 번식에서 우수한 능력을 가진 개체는 타자와의 경쟁에서 이겨 자손을 남길 수 있는 기회가 커진다.
⑤ 이처럼 생물집단이 세대를 거듭해가는 동안 그 집단전체로서 보면 그 시대의 환경에 보다 잘 적응할 수 있는 유전자를 가진 개체가 다수를 차지하는 집단으로 서서히 변화해 간다.

1장 단원정리문제

동물행동학이란?

01 다음 글을 읽고 빈칸에 알맞은 것을 고르시오.

- (㉮)이란 글자 그대로 움직이는 것이며 사전에는 '운동과 감각의 기능을 가진 생물군으로 일반적으로 식물과 대치되는 것'이라고 되어있다.
- (㉯)라는 새로운 학문분야가 탄생하여 로렌츠, 틴베르겐 그리고 프리슈 3인의 선구자들이 함께 노벨상을 수여한 것이 하나의 계기가 되어 (㉯)은 20세기 후반에 대단한 발전을 이루었다.

① ㉮ - 동물　　　　㉯ - 동물행동학
② ㉮ - 동물　　　　㉯ - 동물관찰학
③ ㉮ - 생물　　　　㉯ - 동물관찰학
④ ㉮ - 생물　　　　㉯ - 동물행동학

02 다음 중 행동학연구의 4분야의 설명 중 옳지 않은 것은?

① 행동의 지근요인(Proximate factor) : 행동의 메커니즘을 연구하는 분야
② 행동의 궁극요인(Ultimate factor) : 행동의 일반성(생물학적 의의)을 연구하는 분야
③ 행동의 발달(Development or Ontogeny) : 행동의 개체발생(발달)을 연구하는 분야
④ 행동의 진화(Evolution or Phylogeny) : 행동의 계통발생(진화)을 연구하는 분야

> **해설** 행동의 궁극요인(Ultimate factor)은 행동의 의미(생물학적 의의)을 연구하는 분야를 일컫는다.

정답 1 ① 2 ②

03 다음 중 동물 행동의 동기부여 중 해당하지 않는 것을 고르시오.

① 개체의 생존을 위한 식욕, 수면욕, 배설욕, 체온과 호흡의 유지욕과 같은 호메오스타시스(homeostasis)성 동기부여
② 종의 존속을 위한 성욕과 육아욕과 같은 번식성의 동기부여
③ 호기심이나 조작욕, 접촉욕과 같은 외발적 동기부여
④ 정동적 동기부여
⑤ 사회적 동기부여

> 해설 동물행동의 동기부여에는 여러 가지가 있다. 그 중 호기심이나 조작욕, 접촉욕과 같은 것은 내발적 동기부여에 해당한다.

04 다음 설명을 읽고, 알맞은 것을 고르시오.

> 이 현상은 거위나 기러기 등의 조성성 조류에서 특히 유명한데, 태어난 지 얼마 되지 않은 시기에 최초로 본 움직이는 것을 부모로 인식하여 따르거나 그것이 장래의 배우자 선택을 좌우하는 등 장기에 걸쳐 행동에 영향을 미치는 것이다.

① 적응도   ② 사회화 현상   ③ 소거버스트   ④ 임프린팅 현상

> 해설 임프린팅 현상은 거위나 기러기 등의 조성성 조류에서 특히 유명한데, 태어난 지 얼마 되지 않은 시기에 최초로 본 움직이는 것을 부모로 인식하여 따르거나 그것이 장래의 배우자 선택을 좌우하는 등 장기에 걸쳐 행동에 영향을 미치는 것이다.

05 다음 다윈이 제창한 '자연선택설'의 원리 중 옳지 않은 것은?

① 동종의 생물이라도 모두가 같은 것은 아니다. 개체 간에는 변이, 즉 개체차가 존재한다.
② 동종의 생물 중 변이는 유전되지 않고 자연도태된다.
③ 생존과 번식에는 다양한 경쟁이 존재한다.
④ 생존 또는 번식에서 우수한 능력을 가진 개체는 타자와의 경쟁에서 이겨 자손을 남길 수 있는 기회가 커진다.

> 해설 모자의 모습이 비슷한 것처럼 어떤 종의 변이는 유전된다. 변이가 때로는 환경적응에 더 유리할 경우가 있으므로 변이도 유전이 된다.

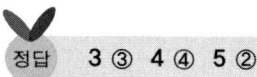

정답 3 ③ 4 ④ 5 ②

제2장 가축화에 의한 행동의 변화

1 서론

수렵의 대상이던 동물(예를 들어, 야생의 소)을 살아있는 채로 포획하여 먹이를 주고 키우게 되자, 곧 번식에도 사람이 관여하게 되어 결과적으로 그 외모(모습)이나 기질(행동 특성)도 사람이 요구하는 목적에 따라 크게 변화하기 시작했다.

2 개와 고양이의 가축화의 역사

근원을 거슬러 오르면 개과나 고양이과 동물의 선조는 동일하다고 생각된다. 그 중의 어떤 그룹이 곧 숲에서 초원으로 나와 넓은 장소에서 먹이를 집단으로 쫓으며 사냥을 하는 개과 동물이 되었다. 반면, 초원으로 나가지 않고 삼림에 남은 것이 고양이과 동물이 된 것으로 생각된다.

가축화의 정의 중 하나는 번식을 사람이 컨트롤한다는 것이다. 그러한 의미에서 개는 사람과 생활하기 시작한 가축화의 비교적 이른 시기부터 사람이 번식을 컨트롤하여 크기나 모습을 다양하게 바꾸거나 특수한 능력을 끌어내기 위한 인위적인 육종선발을 반복해왔다고 생각된다.

3 환경변화와 유전적 다양성

자연계의 환경은 같은 장소라도 시기에 따라 다양하게 나타난다. 그 환경에 가장 잘 적응

할 수 있는 성질과 행동양식을 갖추고 태어난 동물종이 그 시대에 번영한다는 일반적인 법칙이 있다. (ex-공룡)

이러한 환경변화는 예측할 수 없는 것이기 때문에 동물들은 유전적인 다양성을 확보함에 따라 특정한 환경변화(이것에는 기생체나 포식자 등 생물학적 환경변화도 포함된다)가 일어나더라도 한 번에 모든 개체가 멸종하지 않도록 준비되어 있는 듯하다.

4 육종선발과 행동특성

육종선발이란 번식이 인위적 관리 하에 놓인 동물에서 어떠한 특성에 주목하여 사람이 다음 세대의 번식에 이용하는 동물을 인위적으로 선발하는 것이다.

실제로 이 추측을 증명하는 예로 여우의 육종에 관한 유명한 실험이 알려져 있다. 이것은 구소련시대에 양식된 여우의 큰 집단에서 이루어진 것으로 매년 태어나는 많은 새끼들 중에서 가장 얌전하고 사람을 잘 따르는 개체를 선발하여 그러한 암수를 조합하여 출산시키고, 또 그 새끼들 중에서 가장 사람을 잘 따르는 개체를 마찬가지로 선발하여 번식시키는 것을 20세대에 걸쳐 반복한 결과, 마치 개와 같이 사람에게 순종적인 여우가 만들어졌다고 한다. 또한 매우 흥미로운 사실은 이렇게 마지막에 남은 여우들에게는 행동변화뿐 아니라, 개와 같이 귀가 처지고 꼬리가 말리고, 더군다나 얼룩무늬의 모피를 가지는 형태적인 변화도 보인 것이다.

5 문제행동이란?

(1) 문제행동과 이상행동

문제행동의 가장 일반적인 정의는 '주인이 문제라고 간주하는 행동'
1) 동물이 보이는 행동 레퍼토리가 정상 레퍼토리에서 크게 벗어난 것
2) 동물이 보이는 행동 레퍼토리는 정상범위에 있으나 그 행동이 일어나는 빈도가 정상의 것에 비해 비정상적으로 많거나 반대로 적은 경우

3) 그 행동자체는 동물에게 있어 완전히 정상적인 행동이지만 주인에게 있어서는 그 행동이 매우 성가신 경우

(2) 문제행동의 분류

1) 동물이 본래 가지고 있는 행동양식(repertory)을 벗어나는 경우로 이것은 이상행동의 범주에 들어간다.
2) 동물이 본래 가지고 있는 행동양식의 범주에 있으면서 그 많고 적음이 정상을 벗어나는 경우로 성행동이나 섭식행동 등에서 자주 보인다. 두 행동 모두 너무 많아도 너무 적어도 문제가 되는 것이다.
3) 그 많고 적음이 정상을 벗어나지는 않더라도 인간사회와 협조되지 않는 경우가 있다.

2장 단원정리문제

가축화에 의한 행동의 변화

01 다음 개와 고양이의 설명 중 옳은 것을 고르시오.

① 개과나 고양이과 동물의 선조는 동일하지 않다고 밝혀졌다.
② 수천만 년 전, 초원으로 나가지 않고 살림에 남은 것이 개과 동물이 된 것으로 추측된다.
③ 팀워크로 효율적으로 사냥할 수 있도록 변화한 동물은 개과 동물이다.
④ 사냥을 위해 동료들 간의 커뮤니케이션이 중요한 것은 고양이과 동물이다.

해설 지금으로부터 수천만 년 전에 나타난 소형 육식동물(Miacis)로 숲속에서 곤충 따위를 먹으며 생활하고 있었다. 그리고 그 중의 어떤 그룹이 곧 숲에서 초원으로 나와 넓은 장소에서 먹이를 집단으로 쫓으며 사냥을 하는 개과 동물이 되었다. 또 사냥을 성공시키기 위해서는 무리의 동료들 간의 커뮤니케이션이 중요하기 때문에 귀나 꼬리를 움직이거나 얼굴표정이나 음성을 사용해 서로의 마음과 신호를 전달할 수 있게 되었다. 또 그들은 팀워크로 효율적으로 사냥할 수 있도록 무리의 리더의 지시에 따라 행동한다.

02 다음 설명을 읽고 ( ) 안에 적합한 용어로 올바른 것을 고르시오.

> ( )은 번식이 인위적 관리 하에 놓인 동물에서 어떠한 특성에 주목하여 사람이 다음 세대의 번식에 이용하는 동물을 인위적으로 선발하는 것이다. 온순한 성격의 동물이 몇 세대에 걸쳐 선발됨에 따라 온순한 행동특성이 고정되고 더 유용한 가축계통이 만들어졌을 것으로 추측된다.

① 육종선발   ② 품종개량   ③ 교잡육종법   ④ 육종

해설 육종선발이란 번식이 인위적 관리 하에 놓인 동물에서 어떠한 특성에 주목하여 사람이 다음 세대의 번식에 이용하는 동물을 인위적으로 선발하는 것이다.

03 다음 중 문제행동의 정의로 옳지 않은 것은?

① 동물의 행동이 일관성이 없고, 불규칙한 경우
② 동물이 보이는 행동 레퍼토리가 정상 레퍼토리에서 크게 벗어난 경우
③ 동물이 보이는 행동 레퍼토리는 정상범위에 있으나 그 행동이 일어나는 빈도가 정상의 것에 비해 비정상적으로 많거나 반대로 적은 경우
④ 그 행동자체는 동물에게 있어 완전히 정상적인 행동이지만 주인에게 있어서는 그 행동이 매우 성가신 경우

해설 문제행동의 가장 일반적인 정의는 '주인이 문제라고 간주하는 행동'이다. 이것은 이하와 같이 몇 가지 범주가 포함된다. 우선, 동물이 보이는 행동 레퍼토리가 정상 레퍼토리에서 크게 벗어난 것으로 이것은 이상행동이라 불린다. 다음으로 동물이 보이는 행동 레퍼토리는 정상범위에 있으나 그 행동이 일어나는 빈도가 정상의 것에 비해 비정상적으로 많거나 반대로 적은 경우로 이것도 문제행동으로 간주되는 경우가 있다. 마지막으로 그 행동자체는 동물에게 있어 완전히 정상적인 행동이지만 주인에게 있어서는 그 행동이 매우 성가신 경우이다.

제3장 행동의 발달

1 서론

주변에 있는 동물을 예로 들어도 새끼의 발달과정에는 동물 종에 따라 큰 차이가 보인다. 예를 들어, 말의 새끼는 태어난 지 몇 십분 만에 스스로 일어서고 하루가 지나면 어미를 따라 초원을 걷기 시작한다. 이에 비해, 개과나 고양이과 동물은 한 번에 여러 마리의 새끼를 낳는데 새끼들은 눈도 귀도 막혀 있는 매우 미숙한 상태로 태어나 당분간 어미에게 완전히 의존하여 생명을 유지한다.

2 행동발달의 과정

(1) 개의 행동발달

1) 신생아기

태어나서 약 2주간이 신생아기이며 아직 스스로 배설하지 못하고 어미에게 모든 것을 의존한다. 감각기능으로는 약간의 촉각과 체온감각, 화학감각인 미각과 후각이 갖추어져 있을 뿐, 시각도 청각도 발달하지 않았다.

2) 이행기

생후 2~3주까지의 짧은 기간을 말한다. 이 기간에는 눈을 뜨고(생후 13일 전후) 귓구멍이 열려 소리에 반응하게 되므로(생후 18~20일) 행동적으로도 신생아기의 패턴에서 강아지의 패턴으로 변화가 보인다.

3) 사회화기

사회화는 강아지가 함께 사는 동료의 동물(사람도 포함)과의 적절한 사회적 행동을 학습하는 과정으로 개의 행동발달에 관한 초기연구에서 가장 많은 관심이 기울여져 온 과제이다. 이행기에 이어서 생후 3~12주까지의 시기에 강아지의 사회화가 일어나는 것으로 생각된다.

이 기간에는 감각기능과 운동기능의 발달이 현저하며 이가 나고 섭식행동과 배설행동이 성년형을 보이며 결과적으로 강아지에게 많은 새로운 행동이 나타난다.

사회화의 초기인 3~5주에는 아직 사람이나 새로운 환경에 접해도 공포심이나 경계심을 보이지 않는다. 6~8주에는 낯선 대상에 접근하거나 접촉하려는 사회적 동기부여 쪽이 경계심을 웃돌기 때문에 이 시기는 감수기의 피크가 된다. 이 시기가 지나면 처음 보는 사람이나 장소에 대해 점차 강한 불안과 공포를 보이게 되며 12주가 지나면 이러한 반응이 명확해져 사회화기는 사실상 종료된다. 즉, 사회화기의 각 시기에는 낯선 상대에게 접근하려는 사회성 동기부여와 도망치려는 동기부여라는 유전적으로 독립된 2가지 동기부여시스템이 각각의 단계에 따라 비율을 달리하면서 서로 상반된 기능을 하고 있다고 생각된다.

4) 약령기

약령기는 대략 6~12개월까지로 보고 있다. 사회화기~약령기를 통해 놀이는 강아지의 정상적인 행동발달에 중요한 역할을 한다. 놀이를 통해 강아지는 복잡한 운동패턴을 학습하여 신체능력을 갈고닦음과 동시에, 개 특유의 보디랭귀지를 이해할 수 있게 되며 놀이상대의 반응으로부터 무는 강도를 억제하는 것도 배우고 사회적인 상호관계에서 룰을 배우는 것이다.

(2) 고양이의 행동발달

처음 2주간은 체온의 조절도 잘 할 수 없어서 어미나 다른 고양이들과 딱 붙어 있으려 하고 따뜻한 것에 다가가서 코끝으로 파고드는 동작이 보인다.

새끼고양이의 운동기능은 서서히 발달을 계속하며 대부분의 경우 생후 20일 무렵까지는 앉을 수 있고, 곧 아장아장 걷기 시작한다. 생후 2주까지 새끼고양이는 손톱을 집어넣지는 못하지만 3주째에는 상당히 자유롭게 조정할 수 있게 된다. 3주 후반에는 달리기 시작하며 활동적인 놀이행동을 보이게 된다.

3 행동발달의 개체차와 문제행동

(1) 개성은 천성인가 환경인가?

유전적인 요소가 성격형성의 기반으로서 중요하다고 해도 초생기환경의 영향을 무시하는 것은 물론 불가능하다. '천성인가 환경인가(Nature or Nurture?)'라는 오랜 세월의 논쟁에 결착이 지어지지 않는 것은 당연하며, 성격형성에 있어 양쪽 모두 없어서는 안 되는 것이다.

(2) 발달행동학적으로 본 개의 문제행동

1) 공격행동

개의 문제행동 중 가장 일반적이고 심각한 것이 공격행동이다.

자신의 이 중 세력권이나 행동권에 들어온 침입자에 대한 공격성은 개에게 있어 정상적인 행동반응이다.

사회적 계급구조 내에서 자신의 지위에 도전해오는 상대방에 대해 일어나는 공격성으로 정의되는 우위성 공격행동은 위협이나 공격이 낯선 상태가 아닌, 주인이나 그 가족에게 향하는 것이 특징이다.

2) 불안과 공포증

공포적 행동에는 강한 유전적 배경의 존재가 추측되며 실제로 신경질적인 부모에서 태어난 개의 집단에 이상할 정도의 내성적이고 겁이 많은 개체가 다발한다는 것이 잘 알려져 있다.

3) 분리불안

분리불안은 주인과 떨어짐으로써 불안상태가 야기되어 이것이 원인으로 파괴행동이나 과도한 짖기 또는 부적절한 배설과 같은 문제행동이 일어나는 것이다.

분리불안은 주인과의 부적절한 애착관계가 그 원인으로 발생에 견종차가 보이는 등 유전적 요소도 추측되고 있으나 발육과정에서의 후천적 요소도 무시할 수 없다.

(3) 발달행동학적으로 본 고양이의 문제행동

정상적인 사회화를 경험하지 못한 새끼고양이는 그 후의 생활에서 다양한 자극에 대해 보통과는 다른 반응을 보이게 된다. 다른 고양이에 대해 공격적이 되거나 주인의 주의를 끌기 위해 자학적 행동과 같은 이상행동을 보이게 되는 경우도 있다. 8주까지 다른 동물종에 대해 제대로 사회화하지 못한 고양이는 사람이나 개에 대해 겁을 먹고 공격적인 태도를 보이게 되는 경우도 많다.

3장 단원정리문제

행동의 발달

01 다음 개의 행동발달 시기의 순서로 올바른 것을 고르시오.

① 신생아기 – 사회화기 – 이행기 – 약령기
② 신생아기 – 이행기 – 사회화기 – 약령기
③ 신생아기 – 약령기 – 사화화기 – 이행기
④ 약령기 – 신생아기 – 사회화기 – 이행기

> **해설** 강아지의 행동발달단계에 관한 연구 성과로, 신생아기(Neonatal period), 이행기(Transition period), 사회화기(Socialization period), 약령기(Juvenile period)의 4단계로 나누어진다는 개념이 제창되었다.

02 개의 행동발달 중 사회화기에 해당하는 설명이 아닌 것은?

① 생후 3~13주까지의 시기이다.
② 감각기능과 운동기능 발달이 현저하며 이가 난다.
③ 부모나 형제들, 무리의 동료에 대한 애착관계가 형성된다.
④ 스스로 배설하지 못하므로 어미에게 의존한다.

> **해설** ④의 내용은 개의 행동발달 단계 중 '신생아기'에 해당하는 내용이다.

03 다음 설명은 고양이 행동발달의 특징이다. 빈칸에 알맞은 것을 고르시오.

> 새끼고양이가 어떤 일로 뒤집혔을 때 스스로 일어서려는 (㉮)는 태어나면서부터 곧바로 보이고, 목덜미를 잡아서 들어 올릴 때 몸을 둥글게 마는 (㉯)는 어미 고양이가 둥지를 옮길 때 새끼 고양이를 운반하기 쉬워진다.

① ㉮ - 입위반사　　　㉯ - 굴곡반사
② ㉮ - 척수반사　　　㉯ - 굴곡반사
③ ㉮ - 입위반사　　　㉯ - 안진반사
④ ㉮ - 척수반사　　　㉯ - 원형반사

해설　새끼고양이가 어떠한 일로 뒤집혔을 때 스스로 일어서려는 입위(立位)반사는 태어나면서부터 곧바로 보이고, 전정계의 기능은 천천히 발달한다. 회전자극에 대해 일어나는 안진(眼振)반사는 생후 3주 후반에는 성숙한 고양이와 같아진다. 또한 목덜미를 잡아서 들어 올릴 때 몸을 둥글게 마는 굴곡반사는 많은 새끼고양이들이 탄생 직후부터 보이는데 이 반사에 의해 어미 고양이가 둥지를 옮길 때 새끼고양이를 운반하기 쉬워진다.

04 고양이의 행동발달에 대한 설명으로 옳지 않은 것을 고르시오.

① 처음 2주간도 체온조절이 잘 되는 것이 특징이다.
② 20일 무렵에는 앉을 수 있고, 곧 아장아장 걷기 시작한다.
③ 3주 후반에는 달리기를 시작한다.
④ 이유기에 가까워지면 어미가 물어온 먹이를 가지고 놀며 사냥방법을 배운다.

해설　고양이가 태어난 뒤, 처음 2주간은 체온의 조절도 잘 할 수 없어서 어미나 다른 고양이들과 딱 붙어 있으려 하고 따뜻한 것에 다가가서 코끝으로 파고드는 동작이 보인다.

05 개의 문제행동 중 옳지 않은 것을 고르시오.

① 공격행동: 자신의 지위에 도전해오는 상대방에 대한 행동
② 공격행동: 세력권이나 행동권에 들어온 침입자에 대한 행동
③ 불안과 공포: 수컷 간에 지위를 과시하는 행동
④ 분리불안: 주인과 떨어지면서부터 일어나는 문제행동

해설　불안과 공포는 개의 문제행동 중 대표적인 것이다. 공포적 행동에는 강한 유전적 배경의 존재가 추측되며 실제로 신경질적인 부모에서 태어난 개의 집단에 이상할 정도의 내성적이고 겁이 많은 개체가 다발한다는 것이 잘 알려져 있다.

정답　1 ②　2 ④　3 ①　4 ①　5 ③

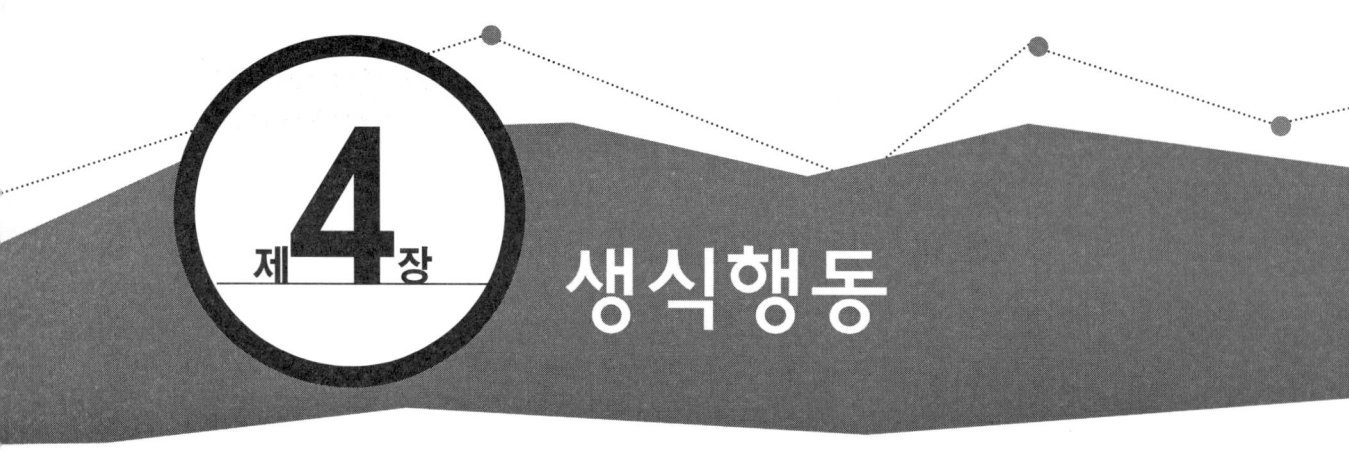

제4장 생식행동

1 서론

생식행동이 정상적으로 이루어지지 않으면 그 동물은 자손을 남길 수 없으므로 이상 원인으로서 어떠한 유전적 변이가 있으면 그 변이가 다음 세대에는 전달되지 않고 배제되게 된다. 따라서 생식행동은 엄격한 도태압에 의해 각각의 동물종의 생태학적 또는 사회적 환경에 가장 잘 적응하는 형태로 진화해왔다고 볼 수 있다.

2 동물행동학에서 본 생식전략

(1) 생식행동의 다양성과 진화

현존하는 동물이 가진 다양한 형질은 모두 진화의 영향을 받고 있으며 행동도 그 예외가 아니다. 포유류에서의 형질이나 행동의 진화에는 자연선택과 더불어, 성선택과 혈연선택이라는 다른 요소도 관여하고 있을 것으로 생각된다.

어떠한 형질(행동)이 세대를 반복하는 중에서 남겨지는가를 예상하기 위해서는 그 형질이 동물의 생존과 번식에 있어서 어느 정도로 유리한가를 평가할 필요가 있다. 그 지표가 적응도라는 개념이다.

적응도를 높이기 위해서는 생존율과 번식률의 양자의 값을 높이면 되는데 환경적인 다양한 제약이 그것을 허용하지 않는 경우는 어느 한쪽을 희생해서라도 다른 한쪽을 높임으로써 적응도를 높이는 번식전략도 현실적인 선택지가 될 것이다.

동물은 자신의 적응도를 최대로 높이기 위해 행동을 진화시키고 그 연장으로서 사회, 즉 다른 개체와의 상호관계가 성립해왔다고 해석할 수 있다. 많은 동물에서는 이와 더불어, 성선택과 혈연선택이라는 2가지 개념을 적용시킴으로써 형질의 진화를 보다 잘 설명할 수 있다.

1) 성선택

한정된 자원인 암컷을 둘러싼 경쟁에서 조금이라도 유리하게 행동하기 위해 수컷이 생존율을 희생해서까지 어떤 형질을 발달시키는 것

2) 혈연선택

부모나 형제자매와 같은 짙은 혈연관계에 있는 개체, 바꿔 말하면 유전자의 양식을 공유하고 있는 개체의 번식을 돕는 이타적 행동의 진화를 가리킨다.

(2) 생식행동과 배우시스템

1) 일부일처제

원원류, 설치류, 육식류의 일부에서 보이나 전 포유류의 5%정도로 적다. 개과 동물도 그 중 하나이다.

2) 일부다처제

많은 포유류가 이 형태의 배우시스템을 갖는다.
① **할렘형** - 사슴, 말, 마카크류의 원숭이, 비비 등
② **영역형** - 설치류, 영장류, 유제류
③ **렉형** - 바다코끼리 등의 해수류, 다마사슴 등의 우제류, 박쥐 등
④ **프라이드형** - 사자, 몽구스 등

3) 일처다부제

리카온, 벌거숭이두더지쥐 등의 극히 한정된 동물 종에서 보이며 암컷의 단독성 사회에 복수의 수컷이 들어가 수컷의 일부는 헬퍼(helper)로서 번식을 돕는다.

4) 난혼제 또는 다부다처제

침팬지 등이 해당한다. 상기 중 (2)와 (3)을 아울러 복혼(Polygamy)이라 부르며 포유류에서 가장 일반적으로 보이는 형태의 배우시스템이다.

3 성행동

(1) 암수의 성행동

성행동은 수컷배우자의 정자와 암컷배우자의 난자의 만남을 만들어내기 위한 행동으로 다양한 동물 종에 보이는 다양한 성행동을 이해하는 것은 비교행동학적 관점에서 흥미로울 뿐 아니라, 가축의 생산성 향상과 야생동물의 보호관리라는 실용적인 관점에서도 의의가 깊다.

좁은 의미의 성행동이란 암수의 배우자가 접합하여 수태하여 새로운 생명이 탄생하기 위해 불가결한 단계로서 수컷이 정자를 암컷의 생식도 내에 보내는 것을 목적으로 한 일련의 행동이다.

성행동에 대한 동기부여는 시상하부, 하수체, 성선축을 주체로 한 생식내분비계의 영향을 강하게 받으며 안드로젠(웅성호르몬)이나 에스테로젠(자성호르몬)과 같은 성 스테로이드호르몬의 혈중레벨이 상승하면 외모에 명료한 2차 성징이 나타날 뿐 아니라, 행동적으로도 큰 변화가 일어나고 신호자극에 대한 역치가 낮아져 신호자극 자체도 반화(般化)되어 다양한 자극에 따라 행동이 일어난다.

(2) 성행동의 발현패턴

성행동이 일어나는 시기는 다양한 요인에 의해 결정된다. 우선, 동물이 성장하고 번식에 견딜 수 있는 체격을 가져야 하며 충분한 에너지가 비축되어야 비로소 성선활동이 시작된다. 수컷에서는 사정능력의 획득에 따라, 암컷에서는 초회배란에 따라 생리적인 성 성숙에 달했다고 판단하는데 실제로는 생식활동을 시작할 수 있을 때까지 사회적인 성 성숙에 도달할 필요가 있기 때문에 더 시간이 걸리는 경우가 많다.

(3) 성행동의 메커니즘

성행동에는 동물 종에 따라 큰 차이가 보이는데 어떤 동물에서도 성행동이 호르몬의 존성에 발현한다는 점은 일치한다.

(4) 성행동의 종차

1) 초식동물의 성행동

암소는 약 21일마다 발정하여 수컷의 교미행동을 허용한다. 발정이 가까워진 암소는 섭식과 휴식활동이 감소하고 서로 승가하는 등의 성적 행동이 증가한다. 숫소는 멀리서 암소의 이러한 행동변화를 보고 접근하여 최종적으로는 페로몬을 단서로 교미상대를 선택한다. 발정기의 암컷은 수컷이 승가해도 가만히 있고 도망가지 않는다. 이 시간을 스탠딩발정이라 부르며 약 20시간 가까이 계속된다.

2) 육식동물의 성행동

개는 몇 년에 한 번의 주기로 발정기가 오는데 그 안에 1번만 배란을 하는 단발정동물이다. 암캐에서는 우선 발정전기가 1주정도 계속되며 그 동안 음부에서 혈액이 혼입된 분비물이 배출된다. 발정기가 되면 암캐는 교미를 허용하게 되고 곧 배란이 일어난다. 개에게 독특한 성행동으로서 교미결합이 관찰된다.

고양이는 교미배란동물의 일종으로 교미하지 않으면 배란이 일어나지 않는다.

호르몬의 영향으로 분비된 페로몬을 맡고 수컷들이 모여든다. 수컷고양이는 암컷고양이에게 승가하여 교미하는데, 그 직후 암컷고양이는 수컷고양이를 뒤돌아 공격하는 경우도 있다. 또 교미 후는 바닥에 드러누워 배란댄스라 불리는 특유한 행동을 보인다.

3) 잡식동물의 성행동

돼지의 성주기의 길이는 소와 거의 같지만 발정기는 더 길어 수일간 계속되며 성행동의 특징으로서 발정한 암컷 쪽에서 수컷에게 접근하는 경우가 있다.

4 육아행동

(1) 육아행동의 종차

모성행동은 다양한 동물행동 중에서도 가장 신비스럽고 감동적인 행동 중 하나이다. 초산의 암컷은 그때까지 새끼를 돌본 적도 없고 본 적도 없지만 아무에게도 배우지 않고 갑자기 어미의 역할을 하기 시작한다.

어미와의 접촉을 통해 새끼들은 정상적인 사회적 행동과 생식행동의 기초를 배워가므로 발달행동학적 관점에서도 육아행동은 중요하다.

다양한 동물 종에서 보이는 육아행동패턴의 차이는 한 번의 출산에서 태어나는 새끼들의 수나 성숙의 정도와 밀접하게 연관되어 있다.

1) 단태동물

1마리의 새끼를 출산, 새끼가 태어났을 때 이미 상당히 성숙되어 있고 눈과 귀의 기능도 잘 발달해 있어 출생 후 수 시간 이내에 어미를 따라다닐 수 있음

2) 다태동물

한 번에 여러 마리의 새끼를 출산하며 우리들 주변의 동물로는 개, 고양이, 돼지 등이 이러한 종류이다. 개나 고양이의 새끼들은 태어났을 때 아직 매우 미숙하며 눈이나 귀가 기능하기 시작하는 것은 생후 2~3주 후로 어미의 젖을 찾아 꼬물꼬물 기어 다닐 정도의 운동능력밖에 갖춰져 있지 않다.

(2) 모자간의 상호인식

무리에서 생활하는 양의 암컷은 출산이 가까워지면 일시적으로 무리에서 떨어져 조용한 곳에서 새끼를 낳고, 자신의 새끼와의 정을 구축한 다음 무리로 돌아온다. 자신의 새끼에게만 젖을 주는 육아행동을 하게 된다. 이러한 배타적인 모성행동은 말이나 소 등 다른 단태동물에서도 널리 보이고 있다.

배타적인 육아행동을 하는 단태동물에 비해, 개나 고양이와 같은 다태동물에서는 어미의 정이 비교적 느슨하여 다른 암컷이 낳은 새끼에게도 젖을 주거나 보살핀다.

(3) 개와 고양이의 분만 시의 행동

개나 고양이에서는 임신 후기가 되면 음부나 복부를 핥는 경우가 많아진다.
개의 경우, 분만의 24~48시간 전이 되면 깔개, 타월, 신문지, 의류 등을 방의 구석으로 운반하는 등 보금자리의 준비에 들어간다.

1) 제 1단계 진통기

자궁의 수축이 시작되어 몸의 근육도 긴장된다.

2) 제 2단계 만출기

자궁의 수축과 복근의 긴장이 더 강해지고 이것에 따라 태아는 산도를 상당한 속도로 통과한다. 신생아가 산도를 통과하면 어미는 곧바로 태막을 먹고난 다음, 신생아를 열심히 핥기 시작한다.

3) 제 3단계 태반의 만출기

어미는 이 동안에도 신생아를 계속 핥아 털을 깨끗이 한다.
태반은 어미에게 곧바로 섭취된다. 둥지를 청결히 유지하기 위해서, 그리고 어미에게는 영양원도 될 수 있기 때문에 이것을 섭취한다.
개의 출산은 때로는 최초의 새끼강아지가 태어난 뒤, 마지막 강아지가 분만되기까지 12~16시간이 걸리는 길고 고통스러운 과정인 경우도 있지만 전부가 2시간 내에 끝나는 경우도 많다.

(4) 개와 고양이의 모성행동

개나 고양이의 어미는 육아를 위해 둥지를 만들고 출산한 뒤, 얼마동안은 둥지 안에서 새끼들을 보살피면서 대부분의 시간을 보낸다.
어미 개나 어미고양이는 생후 3주 정도까지는 새끼들을 계속해서 핥아 몸을 깨끗이 해준다. 특히 항문음부를 열심히 핥는데 이에 따라 배뇨나 배변이 촉진된다. 배설물은 어미가 바로 먹어버리므로 둥지 안은 청결히 유지된다.

1) 포유

포유는 육아행동 중에서 중심적인 위치를 차지한다.
① **최초의 단계** – 어미가 모두 주도적인 역할을 한다. (어미가 포유를 촉진한다.)
② **제 2단계** – 새끼들이 둥지를 떠나 밖에서도 어미와 접하게 된다.
③ **제 3단계** – 새끼들은 모유와 더불어 다른 음식도 먹게 된다.
　이 시기에는 포유행동이 거의 새끼에 의해 시작되며 곧 젖을 조르는 새끼들을 어미가 피하게 된다.

2) 이유

이유는 모유에서 고형식으로의 이행인데 야생 개과나 고양이과 동물에서는 각각의 종에 특이적인 방법으로 단계적인 이행이 보인다.

3) 개와 고양이의 특이행동

① **되돌림 행동** : 어미고양이에서는 되돌림 행동이라는 특이한 행동이 보인다. 어미고양이는 둥지주변의 환경이 안정되지 않거나 마음에 들지 않으면 새끼고양이들을 다른 장소로 운반하여 둥지를 이동하는 경우가 있다. 둥지이동은 출산 후 1개월 전후의 시기에 가장 빈도가 높다.

② **위임신** : 개에게서 보여지는 특이행동으로, 위임신은 사람에서 상상임신에 해당하는 것으로 실제로는 임신하지 않았는데도 복부가 부풀고 유선이 다소 발달하는 것이 일반적인 특징이다.

4장 단원정리문제

생식행동

01 다음 설명을 읽고 ( )에 적합한 용어로 올바른 것을 고르시오.

> ( )은 특정 환경에서 생존이나 번식에 유리한 형질이 번식 집단 내에 확산되어 가는 과정을 가리킨다.

① 유전　　　　② 생식　　　　③ 적응　　　　④ 반응

> **해설** 적응이란 특정 환경에서 생존이나 번식에 유리한 형질이 번식 집단 내에 확산되어 가는 과정을 가리킨다. 조금 넓은 의미로 생각하면 행동을 포함한 다양한 형질을 담당하는 유전자의 출현빈도가 시간경과와 함께 변화하는 것이다.

02 다음 글을 읽고 ( )의 ㉮, ㉯에 알맞은 것을 고르시오.

> - (㉮)이란 한정된 자원인 암컷을 둘러싼 경쟁에서 조금이라도 유리하게 행동하기 위해 수컷이 생존율을 희생해서까지 어떤 형질을 발달시키는 것이다.
> - (㉯)이란 부모나 형제자매와 같은 짙은 혈연관계에 있는 개체, 바꿔 말하면 유전자의 양식을 공유하고 있는 개체의 번식을 돕는 이타적 행동의 진화를 가리킨다.

① ㉮ - 경쟁선택　　　㉯ - 개체선택
② ㉮ - 성선택　　　　㉯ - 행동선택
③ ㉮ - 경쟁선택　　　㉯ - 혈연선택
④ ㉮ - 성선택　　　　㉯ - 혈연선택

정답 1 ③ 2 ④

03 동물의 배우시스템에 대한 내용으로 옳지 않은 것을 고르시오.

① 일부다처제 : 원원류, 설치류, 육식류의 일부에서 보이나 전 포유류의 5%정도로 적다. 개과 동물도 그 중 하나이다.
② 일부다처제 : 리카온, 벌거숭이두더지쥐 등의 극히 한정된 동물 종에서 보이는 시스템이다.
③ 일처다부제 : 암컷의 단독성 사회에 복수의 수컷이 들어가 수컷의 일부는 헬퍼(helper)로서 번식을 돕는다.
④ 난혼제 또는 다부다처제 : 복혼(Polygamy)이라 부르며 포유류에서 가장 일반적으로 보이는 형태의 배우시스템이다.

해설 ②의 내용은 일처다부제의 내용이다. 일부다처제는 많은 포유류가 이 형태의 배우시스템을 갖는다. 그 중 할렘형, 영역형, 렉형, 프라이드형 등 다양한 형태를 보여준다.

04 동물의 성행동에 대한 내용으로 옳지 않은 것은?

① 성행동은 수컷배우자의 정자와 암컷배우자의 난자의 만남을 만들어내기 위한 행동이다.
② 좁은 의미의 성행동이란 암수의 배우자가 접합하여 수태하여 새로운 생명이 탄생하기 위해 불가결한 단계이고 욕구행동까지를 포함한다.
③ 욕구행동이란 완료행동에 이르기까지의 암컷의 탐색, 구애, 유혹행동 등을 포함한 일련의 과정이다.
④ 성행동에 대한 동기부여는 시상하부, 하수체, 성선축을 주체로 한 생식내분비계의 영향을 강하게 받으며 안드로겐(웅성호르몬)이나 에스테로젠(자성호르몬)과 같은 성 스테로이드호르몬의 혈중레벨이 상승하면 외모에 명료한 2차 성징이 나타난다.

해설 욕구행동은 넓은 의미의 성행동에 포함되는 내용이다.

05 개와 고양이의 모성행동으로 옳지 않은 것은?

① 포유의 최초의 단계에서는 어미가 모두 주도적인 역할을 하여 포유를 촉진한다.
② 이유는 모유에서 고형식으로 이행하는 것을 말한다.
③ 어미 개에서는 되돌림 행동이라는 특이한 행동이 나타난다.
④ 어미고양이는 둥지주변의 환경이 안정되지 않거나 마음에 들지 않으면 새끼고양이들을 다른 장소로 운반하여 둥지를 이동하는 경우가 있다.

해설 되돌림 행동은 어미고양이에게서 관찰되는 행동으로, 둥지에서 벗어난 새끼 고양이의 울음소리가 계기가 되는 경우가 많고 출산 후 1주 정도의 시기에 가장 현저해진다.

정답 3② 4② 5③

제5장 유지행동

1 서론

야생동물들에게 있어서 적절한 먹이를 얻을 수 있는가는 그야말로 살아남기 위한 필수조건이며 섭식행동은 모든 행동패턴의 기반이라고도 할 수 있다. 따라서 섭식행동의 이해는 중요하다.

배설행동은 생리학적으로 반드시 필요한 것으로 어떤 동물에게도 볼 수 있는데 그 행동패턴은 섭식행동과 마찬가지로 동물 종에 따라 다양하며 음식의 종류나 각각의 동물의 생리학적 특징과 연관되어 있다.

몸단장행동(그루밍)이란 동물이 자신 또는 다른 개체(가족이나 무리의 동료)의 피모나 피부를 청소하고 손질하는 행동이다.

2 섭식행동

(1) 개와 고양이의 섭식행동

1) 섭식량

개는 매우 빠르게 먹는 경향이 있는데 이것은 잡은 사냥감을 둘러싸고 동료들 간에 일어나는 경쟁 때문일지도 모른다. 늑대는 먹이를 집어넣는 능력이 우수하여 자신의 체중의 20%의 고기를 한 번에 먹을 수 있다고 보고 고양이는 소량의 식사를 몇 번에 걸쳐 나누어 하는 습성이 있다.

2) 사회적 촉진

무리로 생활하는 동물에게는 행동의 사회적 촉진이라는 현상이 알려져 있다. 이

것은 무리 안의 어떤 개체가 어떠한 행동을 일으키면 다른 개체가 일제히 그 흉내를 내거나 서로 경합하여 행동이 더 발달되는 것이다.

3) 먹이에 대한 기호성

동물이 무엇을 즐겨 먹고 무엇을 먹지 않는지는 동물 종에 따라 크게 다르다. 즉, 먹이에 대한 기호성에는 태어나면서부터 정해져 있는 유전적 요인의 영향이 크다는 것인데 그뿐만 아니라, 이유 후에 섭취한 먹이의 종류나 그에 따른 정동적인 체험에 의해 개개의 동물에게는 다양한 기호가 생기게 된다.

(2) 특이적 기아

동물은 음식에서 탄수화물이나 지방, 단백질과 같은 것뿐만 아니라, 미네랄이나 비타민 등 다양한 영양소를 섭취하고 있다. 이 중 특정성분이 부족한 상태에 놓이면 동물은 결핍된 성분을 적극적으로 섭취하려는 먹이에 대한 자기선택행동을 보이는 것으로 알려져 있다.

(3) 미각혐오

부패한 먹이나 독이 들어간 먹이를 섭취함으로써 식후 구토나 설사를 한 불쾌한 경험을 하면, 동물은 그 먹이의 냄새나 맛을 기억하고는 같은 먹이를 두 번 다시 입에 대지 않는다. 이것은 미각혐오 또는 조건화 미각기피라 불리는 반응

(4) 과식증과 무식욕증

현대생활과 같이 언제든 필요한 만큼 칼로리를 섭취할 수 있는 상황에서는 아무래도 과잉섭취가 일어나는 것이다.
반면, 인간에서도 동물에서도 아무것도 먹으려고 하지 않고 점차 체중이 줄어가는 무식욕증도 자주 보인다.

3 배설행동

(1) 개와 고양이의 배설행동

개나 고양이 등 둥지나 자신이 거주하는 곳을 깨끗하게 유지하는 성질을 타고난 동물들에게 화장실교육을 시키는 것은 크게 어렵지 않다.

화장실교육은 기본적으로 둥지에서 떨어져 배설을 하는 본래의 성질을 가정환경 내에서 이끌어내는 과정

개나 고양이의 배설행동에 관련된 특징 중 하나는 새끼의 항문이나 음부를 핥아 배설을 촉진시키는 어미의 행동이다. 막 태어난 새끼강아지나 새끼고양이는 자극 없이는 배설하지 못하며 배설물은 곧 어미에게 섭취되므로 이러한 배설행동의 시스템은 둥지를 청결히 유지하는데 매우 효과적이다.

(2) 배설과 마킹행동의 차이

개는 수컷과 암컷에서는 행동의 빈도에 차이가 있는데 일반적으로 수컷 쪽이 훨씬 많이 마킹을 한다. 수컷의 경우, 전신주나 나무 등 수직의 대상물을 향해 한쪽 다리를 들고 가능한 높은 곳에 오줌을 묻히려고 한다.

마킹에 의해 자신의 행동범위의 이곳저곳에 남기는 냄새에는 많은 정보가 들어 있다.

고양이과 동물에서는 보통의 배뇨와는 다른 자세로 엉덩이를 높이고 수직의 대상물을 향해 오줌을 발사하는 오줌스프레이라는 마킹행동이 잘 알려져 있다.

영양류 등 야생 초식동물에서는 똥에 의한 마킹이 널리 알려져 있다.

4 몸단장행동

(1) 개와 고양이의 그루밍행동

그루밍에는 입에 의한 오럴그루밍과 뒷발에 의한 스크래치그루밍, 그리고 앞발을 핥아서 얼굴이나 머리를 닦는 행동 등이 있다. 그루밍에는 가족이나 무리의 동료 간의 친화적 행동(Affinitative Behavior)으로서의 사회적 의미도 크다.

(2) 행동발달에의 영향

개나 고양이 등 미숙한 상태로 태어나는 동물에서는 초기의 발달단계에서 어미로부터 받는 보살핌의 질과 양이 그 후의 행동패턴의 발달에 영속적인 영향을 미칠 수 있다고 생각된다. 개나 고양이의 새끼들이 제대로 사회화하기 위해서는 사회화기라 불리는 시기가 중요한데 이러한 발달행동학적으로 중요한 과정에도 어미나 형제 또는 주인으로부터의 그루밍(핸들링을 포함)이 깊은 관련이 있다.

5 문제행동과의 관계

(1) 섭식에 관한 문제행동

본래의 먹이가 아닌 것을 섭취하려고 하는 이기(異嗜), 이상한 수렵행동에 관련하여 다른 동물이나 인간을 공격하는 포식성 공격행동

(2) 배설에 관한 문제행동

화장실 이외의 장소에서 배설을 하는 부적절한 배설, 냄새를 묻히는 마킹행동 등이 대표적인 것으로 모두 집을 더럽힌다는 의미에서 주인에게는 성가신 행동이 된다.

(3) 몸단장에 관한 문제행동

그루밍이 모자라면 피부나 피모의 건강이 유지되지 않는다. 반대로 과잉 과루밍은 지성피부염을 비롯한 자상적인 행동으로 이어지는 경우가 있고 털뭉치를 삼켜 식욕부진이 되거나 의기소침에 지기도 한다.

5장 단원정리문제

유지행동

01 다음 중 '개'에 대한 섭식행동으로 옳지 않은 것은?
① 매우 빠르게 먹는 경향이 있는데 이것은 잡은 사냥감을 둘러싸고 동료들 간에 일어나는 경쟁 때문일 것이다.
② 자신의 체중의 20%의 고기를 한 번에 먹을 수 있다
③ 소형 설치류나 작은 새 등을 먹이로 단독으로 사냥하며 생활하는 고독한 헌터였다
④ 다른 종보다 비만문제가 많이 보이게 된다.

> 해설 ③의 내용은 고양이의 섭식행동에 관련된 내용이다.

02 다음 설명을 읽고 ( ) 안에 적합한 용어로 올바른 것을 고르시오.

> 무리로 생활하는 동물에게는 행동의 (   )이라는 현상이 알려져 있다. 이것은 무리 안의 어떤 개체가 어떠한 행동을 일으키면 다른 개체가 일제히 그 흉내를 내거나 서로 경합하여 행동이 더 발달되는 것이다. 이것은 특정 환경에서 생존이나 번식에 유리한 형질이 번식 집단 내에 확산되어 가는 과정을 가리킨다.

① 동기화   ② 개체 연속   ③ 사회적 발달   ④ 사회적 촉진

> 해설 무리로 생활하는 동물에게는 행동의 사회적 촉진이라는 현상이 알려져 있다. 이것은 무리 안의 어떤 개체가 어떠한 행동을 일으키면 다른 개체가 일제히 그 흉내를 내거나 서로 경합하여 행동이 더 발달되는 것이다.

03 다음은 마킹행동의 관한 내용이다. 옳지 않은 것은?

① 일반적으로 암컷이 수컷보다 훨씬 많이 마킹을 한다.
② 수컷의 경우, 전신주나 나무 등 수직의 대상물을 향해 한쪽 다리를 들고 가능한 높은 곳에 오줌을 묻히려고 한다.
③ 마킹에 의해 자신의 행동범위의 이곳저곳에 남기는 냄새에는 많은 정보가 들어 있다.
④ 고양이과 동물에서는 보통의 배뇨와는 다른 자세로 엉덩이를 높이고 수직의 대상물을 향해 오줌을 발사하는 오줌스프레이라는 마킹행동이 잘 알려져 있다.

> **해설** 동물들은 여러 장소에서 배뇨를 하려고 하는데 이 행동에는 자신의 영역에 냄새를 묻히는 마킹의 의미가 있다. 수컷과 암컷에서는 행동의 빈도에 차이가 있는데 일반적으로 수컷 쪽이 훨씬 많이 마킹을 한다.

정답 1 ③ 2 ④ 3 ①

제6장 사회적 행동

1 서론

사회적 행동이란 복수의 개체 간에 일어나는 다양한 행동의 총칭이다. 어떤 동물 종에서 다른 동물 종(사람을 포함)에의 행동적 동기부여도 많지만 각각의 동물 종에 특유한 사회적 행동의 기본패턴은 같은 동물종의 집단 내에서 형성되는 것이다.

2 동물의 사회구조

(1) 무리의 구조와 사회적 순위

많은 동물들이 무리를 이루어 살고 있다. 무리를 만드는 이유는 개개의 동물들이 존재하고 번식하는데 유리하기 때문이다.

사회성이 높은 동물 종에서는 우열순위가 상당히 확실히 형성되고, 이에 따라 개체 간의 마찰이 최소화되고 있다.

고양이는 우리 주위의 동물 중에서 유일하게 이러한 사회성을 명확하게 갖지 않는 동물이다.

고양이는 원래 비사회적 동물이기 때문에 특정 개체에 대해 친밀한 관계를 구축한다기보다 자신의 생활권이나 영역에 대해 강한 연대를 형성한다. 따라서 고양이에서는 사회적 거리가 중요하다

1) 고양이의 사회적 거리

① **생활권** : 평소의 생활에서 행동하는 범위
② **세력권** : 방위해야 할 영역

③ 사회적 거리 : 낯선 고양이가 접근하는 범위
④ 도주거리 : 타종의 동물이 접근한 경우에 도망가는 거리
⑤ 임계거리 : 도주하려고 해도 그렇지 못하거나 알아차리는 것이 늦어서 자기방위의 반격으로 바꿀 수 없는 거리

3 공격행동

(1) 공격행동의 종류

1) 포식성 공격
포식자가 사냥감에 대해 보이는 공격행동

2) 수컷간의 공격
수컷끼리의 공격성이 발현하는 데는 웅성호르몬인 안드로겐이 필요하며 성성숙의 시기에 테스토스테론의 대량분비가 일어나면서 공격성이 높아진다.

3) 경합적 공격
먹이나 보금자리와 같은 한정된 자원을 둘러싸고 또는 무리 내의 순위를 둘러싸고 동물은 경합하며 이것이 공격행동으로 발전하는 경우

4) 공포에 의한 공격
동물이 불안이나 공포를 느끼는 상황에서 벗어나려고 하나 그것이 불가능한 경우 공포에 의한 공격이 일어나는 경우가 있다.

5) 아픔에 의한 공격
아픔은 방어적인 공격행동을 일으킨다. 수컷에서도 암컷에서도 아픔을 동반하는 자극을 받으면 공격행동을 일으키는 반응이 생득적으로 포함되어 있다.

6) 영역적 공격 또는 사회적 공격
많은 동물 종에서는 낯선 개체가 자신의 영역에 침입하거나 무리에 접근하면 우선 경계를 높이고 그 위협이 사라지지 않으면 공격적인 행동이 일어난다.

7) 모성행동에 관련된 공격

어미가 새끼를 지키기 위해 보이는 공격행동에서는 위협도 없이 전력으로 갑자기 상대방을 공격하는, 다른 공격과는 다른 패턴을 보인다.

8) 학습에 의한 공격

군용견이나 경찰견과 같이 공격성을 훈련에 의해 높이는 것은 가능하다.

9) 병적인 공격

보통 공격행동이 일어나는 경우는 관찰자에게도 이해할 수 있는 원인이나 이유가 있는데 이러한 상황(문맥이라고도 한다)도 없이 갑자기 심한 공격행동을 보이는 경우가 있다. 뇌에 어떠한 이상이 있기 때문으로 추측되고 있으나 개개의 케이스에 따라 원인은 다양하게 다를 것으로 생각된다.

(2) 위협 및 복종의 행동양식

동물은 사회적인 상호관계 속에서 항상 먹이나 번식상대, 좋은 보금자리, 휴식장소의 획득과 유지를 위해 서로 경쟁하고 있기 때문에 다양한 적대적 행동이 관찰된다. 적대적 행동에는 위협, 도주, 복종, 실제 공격 등이 포함된다.

개와 같이 사회성이 높은 동물은 한쪽의 위협에 대해 다른 쪽이 복종의 자세를 취하면 그 이상의 싸움으로는 발전하지 않고 적대적 관계가 종료한다.

4 친화행동

(1) 친화행동이란?

무리의 동료들과 함께 있는 것을 즐기고 기뻐하는 행동도 많이 보인다. 서로 냄새를 맡고 몸을 기대고 그루밍을 하거나 장난치는 모습은 보고 있는 인간의 마음도 완화시켜준다.

(2) 무리의 동료의 인식

동물은 다양한 감각계를 이용하여 무리의 동료를 식별하고 있다. 후각은 그중에서도 결정적인 정보로 배우자의 선택에도 관련되지만 동물은 발달단계의 어느 시기까지 친숙한 냄새를 기억하고 이 냄새를 행동패턴의 결정을 위한 판단기준으로 삼고 있는 듯하다.

(3) 인사행동과 친화행동

개가 다른 개를 만나면 우선 코를 상대방의 코에 근접하여 냄새를 맡고 다음은 뒤로 가서 항문음부의 냄새를 맡으려고 한다. 동물들이 몸을 서로 기대고 몸단장을 하는 상호 그루밍은 대표적인 친화행동인데 놀이도 또한 친화행동 중 하나로 생각된다.

5 문제행동과의 관계

(1) 우위성에 관한 문제행동

무리 내에서의 자신의 순위를 가족 중의 누군가 또는 전원보다 위에 있다고 자각하게 되면 우위성 공격행동이라는 문제가 나타난다.

(2) 사회적 스트레스에 관한 문제행동

인간사회에서 사회적 스트레스가 심신의 건강에 큰 영향을 미치는 것으로 알려져 있는데 동물에서도 동일한 문제가 일어난다는 것이 지적되어 있다. 불안을 일으키는 스트레스의 원인(stressor)을 발견하여 이것을 배제하는 근본적인 대책이 필요하다.

6장 단원정리문제

사회적 행동

01 다음 중 공격행동의 설명으로 옳지 않은 것은?

① 포식성 공격 : 포식자가 사냥감에 대해 보이는 공격행동
② 경합적 공격 : 먹이나 보금자리와 같은 한정된 자원을 둘러싸고 또는 무리 내의 순위를 둘러싸고 나타나는 공격행동
③ 공포에 의한 공격 : 물이 불안이나 공포를 느끼는 상황에서 벗어나려고 하나 그것이 불가능한 경우 공포에 의한 공격이 일어나는 경우
④ 모성행동에 의한 공격 : 낯선 개체가 자신의 영역에 침입하거나 무리에 접근하면 우선 경계를 높이고 그 위협이 사라지지 않으면 보이는 공격행동

> 해설 모성행동에 의한 공격은 어미가 새끼를 지키기 위해 보이는 공격행동을 말한다.

02 다음 중 친화행동에 대한 설명으로 옳은 것은?

① 친화행동은 동물들이 긴장하고 있는 상태에서만 관찰된다.
② 동물들이 몸을 서로 기대고 몸단장을 하는 상호 그루밍은 대표적인 경계행동이다.
③ 동물에게는 무리의 동료들과 함께 있는 것을 즐기고 기뻐하는 행동이다.
④ 냄새를 익숙하게 하면 바로 친숙해지는 것을 볼 수 있다.

> 해설 ① 친화행동은 동물들이 편안한 상태에서만 관찰된다.
> ② 동물들이 몸을 서로 기대고 몸단장을 하는 상호 그루밍은 대표적인 친화행동이다.
> ④ 냄새를 익숙하게 하면 만남이 적대시될 가능성이 낮다.

03 다음 설명을 읽고 ( ) 안에 들어갈 용어로 올바른 것을 고르시오.

> (　　)이란 복수의 개체 간에 일어나는 다양한 행동의 총칭이다. 어떤 동물 종에서 다른 동물 종(사람을 포함)에의 행동적 동기부여도 많지만 각각의 동물 종에 특유한 사회적 행동의 기본패턴은 같은 동물종의 집단 내에서 형성되는 것이다.

① 공격행동　　　　　　　　② 사회적 행동
③ 성행동　　　　　　　　　④ 친화적 행동

해설 사회적 행동이란 복수의 개체 간에 일어나는 다양한 행동의 총칭이다. 어떤 동물 종에서 다른 동물 종(사람을 포함)에의 행동적 동기부여도 많지만 각각의 동물 종에 특유한 사회적 행동의 기본패턴은 같은 동물종의 집단 내에서 형성되는 것이다. 따라서 우선은 동종의 동물 간의 교류방법을 잘 배울 필요가 있다.

정답　1 ④　2 ③　3 ②

제7장 커뮤니케이션

1 서론

동물 종에서 커뮤니케이션 방법에는 3가지 주요한 형태가 있다. 시각에 의한 것, 청각에 의한 것, 그리고 후각에 의한 것이다.

커뮤니케이션이 성립할 때는 신호를 보내는 쪽에서 발신된 정보에 의해 받는 쪽의 행동에 어떠한 변화가 일어난다.

커뮤니케이션에서 사용되는 신호에는 의도적인 정보전달의 신호도 있고 그렇지 않은 자연적으로 주위에 뿌려지는 신호도 있다.

2 개의 커뮤니케이션행동

(1) 시각을 통한 커뮤니케이션행동

근거리 또는 중거리 커뮤니케이션에서 시각신호는 효과적이며 상대의 대응을 보면서 즉시 신호를 바꿀 수 있다는 점도 유리하다. 공격성과 공포의 정도가 다양한 비율로 섞이면서 그때의 기분을 나타내듯이 귀나 꼬리의 위치, 신체전체의 자세, 얼굴표정 등으로 이루어진 커뮤니케이션신호가 연속적으로 형태를 만들어간다. 머리의 위치는 공격 시에는 높고 복종 시에는 낮고 목이 늘어난다. 귀의 위치는 공격 시에는 경계태세와 동일해지고 복종 시에는 뒤로 쏠려 내려간다. 또한 눈은 위협 시에는 상대를 직시하고 복종 시에는 피하고 공포를 느꼈을 때는 크게 열린다. 꼬리의 위치도 공격적일 때는 높이 올라가고 반대로 복종 시에는 낮게 내리거나 배 밑으로 말린다.

자신이 상대보다 열위라는 것을 전달하거나 눈앞에 보이는 공격성을 경감하기 위해 열위인 개는 이를 감추거나 배나 목과 같은 급소를 노출하는 자세를 취하는 등 일련의 복종행동을 보여 상대를 진정시키려 한다. 복종행동에는 능동적인 것과 수동적인 것이 있다. 능동적인 복종행동에는 둔부를 낮게 하고 등을 활처럼 휘어 전체적으로 낮은 자세로 우위인 상대에게 다가가거나 상대의 접근을 기다린다.

공포가 일어나는 상황에 놓이면 높은 순위의 개에서도 능동적 또는 수동적인 복종행동을 보이는데 복종성 또는 방어성 공격행동을 보이는 경우도 있다.

개에서 특징적인 시각 표시로서 한쪽 다리를 들고 배뇨하는 행동이 있다.

배뇨나 배분 뒤에 앞발이나 뒷발을 이용해 땅바닥을 긁는 행동이 보이는데 이것은 배설물을 숨기기 위해서라기보다 긁음으로써 시각적 또는 후각적 흔적을 남기기 위한 행동으로 생각된다.

(2) 후각을 통한 커뮤니케이션행동

후각신호는 종이나 성별, 가족과 무리, 그리고 특정 개체의 정체성(identity)에 관련된 매우 많은 정보를 정확하게 전달할 수 있다. 또한 동물이 떠나간 뒤에도 상당히 오랜 시간동안 정보를 남길 수 있다는 특징을 가지고 있다.

개는 후각이 매우 민감하여 화학물질의 검출감도는 사람의 100만 배라고도 한다.

오줌에는 많은 정보가 들어 있어 성적으로 성숙한 수캐는 암캐의 오줌 안에 포함된 페로몬 등의 휘발성 분자를 단서로 발정과 같은 번식단계에 관한 정보를 얻을 수 있다.

개가 다른 개에게 인사를 할 때 귀나 입, 서경부(鼠徑部), 항문음부 등의 냄새를 맡는다.

항문주위선의 분비물은 배변 내에 배출되는데 이 분비물에는 개체의 속성이나 특징 또는 사회적 지위 등에 관한 많은 정보가 숨겨져 있는 것으로 추측되고 있으나 상세는 여전히 불분명하다.

(3) 청각을 통한 커뮤니케이션행동

짖기나 포효 등 개의 음성을 이용한 커뮤니케이션은 장거리에서의 정보전달에 특히 효과적인 방법이다(그림7-5). 한편, 으르렁거리는 소리나 컹컹 짖는 소리도 다양한 상황에서 단거리 또는 중거리의 커뮤니케이션에 이용된다. 개의 짖는 방법은 상황에 따라 다르며 예를 들어 영역의식에 관련된 것, 공격적인 소리, 동료에게 경계를 촉진하는 소리 등 다양한 종류가 있는데 조금 익숙해지면 사람도 어느 정도의 식별이 가능하다.

3 고양이의 커뮤니케이션행동

(1) 시각을 통한 커뮤니케이션행동

개의 경우와 마찬가지로 공격성과 공포의 정도가 다양한 비율로 섞이면서 그때의 기분을 나타내도록 귀나 꼬리의 위치, 몸 전체의 자세, 얼굴표정 등으로 된 커뮤니케이션신호가 연속적으로 형태를 만들어간다. 단, 고양이는 사회적 집단 속에서 조화를 유지하는 것을 중시하여 생활하고 있는 것이 아니므로 개와 같은 사교적인 동물과는 자세에 따른 커뮤니케이션의 의미가 다소 다를 것이다.

고양이가 다른 고양이에게 능동적으로 접근할 때는 꼬리를 수직으로 올리는데 친한 상대에게 접근하거나 새끼고양이가 어미에게 접근할 때는 꼬리를 더 꼿꼿이 세운다. 반대로 고양이가 상대방과의 사회적 접촉을 바라지 않을 때는 무언의 보디랭귀지가 다양하게 사용된다.

1) 위협

① **공격적인 위협** : 공격적인 위협은 수축된 눈동자에 의한 직접적인 아이콘택트, 앞으로 향한 수염, 똑바로 상대를 향한 자세 등 모두 공격을 걸어 온다는 의지가 나타나 있다. 위협 시에는 털을 곤두세워 자신의 신체를 크게 보이려 하는데 상대에게는 갑자기 접근해온 것 같이 느끼게 하는 시각적 효과가 있다.

② **방어적인 위협** : 방어적인 위협의 경우는 상대에게 똑바로 향하지 않고 자신의 신체를 더 크고 위협적으로 보이기 하게 위해 털을 곤두세우면서 등을 둥글리고 옆을 향한다. 귀는 뒤로 눕혀 머리에 붙이고 입꼬리를 뒤로 당겨 이를 드러내고 수염은 머리 옆으로 끌어당겨 코에 주름을 만든다.

2) 후각을 통한 커뮤니케이션행동

고양이는 입 주변, 턱, 귓구멍, 항문주위, 꼬리의 뿌리부분의 앞쪽 등에 잘 발달된 피지선이 있으며 그 분비물을 특정 개체나 물체, 친숙한 것이나 새로운 것에 문지른다.

오줌을 스프레이 함에 따라 통상의 배뇨에 비해 더 넓은 범위에, 그리고 냄새를 맡는데 조금 더 편리한 높이에 오줌을 분사하는 것이다.

스프레이 된 오줌에는 다양한 정보가 들어 있어 그 지역에서의 고양이의 동정을 나타내며 번식기에는 수컷과 암컷이 만나기 위한 단서가 되기도 한다.

3) 청각을 통한 커뮤니케이션행동

울음소리에 의한 커뮤니케이션은 고양이들 간의 거리를 유지하기 위해 중요하며 기본적으로 비사회적 동물인 고양이들 간이 직접 만나는 것을 방지하고 있다.

7장 단원정리문제

커뮤니케이션

01 다음 중 개의 커뮤니케이션 중 시각을 통한 커뮤니케이션의 설명으로 옳지 않은 것은?

① 근거리 또는 중거리 커뮤니케이션에서 시각신호는 효과적
② 귀의 위치는 공격 시에는 경계태세와 동일해지고 복종 시에는 뒤로 쏠려 내려간다.
③ 꼬리는 표현력이 풍부하여, 꼬리를 흔드는 행동은 우호적인 기분을 의미한다.
④ 꼬리의 위치도 공격적일 때는 높이 올라가고 반대로 복종 시에는 낮게 내리거나 배 밑으로 말린다.

> **해설** 꼬리를 흔드는 행동이 반드시 우호적인 기분을 의미하는 것은 아니다. 높은 위치에서 꼬리를 흔드는 행동은 우위인 개체에 따른 위협의 경우도 있다. 반면, 꼬리를 크게 흔드는 경우는 우호적 또는 복종적 기분을 나타내며 놀이를 유발하는 때도 그렇다.

02 개의 커뮤니케이션 중 후각을 통한 커뮤니케이션행동의 대한 내용으로 옳은 것은?

① 후각신호는 종이나 성별, 가족과 무리, 그리고 특정 개체의 정체성(identity)에 관련된 매우 많은 정보를 정확하게 전달할 수 있다.
② 시각이나 청각신호보다 빠르게 시시각각 변화하는 심리상태를 실시간으로 전달할 수 있다.
③ 동물들은 후각으로 멀리서 개체를 식별해도 최종적인 확인은 촉각에 의해 이루어진다.
④ 배설물에 의한 마킹에는 시각적인 과시만을 목적으로 한다.

> **해설** ② 시각이나 청각이 후각신호보다 빠르게 전달된다.
> ③ 시각이나 청각으로 멀리서 개체를 식별하고, 최종적 확인은 후각으로 이루어진다.
> ④ 배설물에 의한 마킹은 시각적인 과시도 있지만, 전달되는 후각신호 또한 목적이 된다.

03 다음 고양이의 커뮤니케이션 행동 내용 중 옳지 않은 것은?

① 고양이가 다른 고양이에게 능동적으로 접근할 때는 꼬리를 수직으로 올리는데 친한 상대에게 접근하거나 새끼고양이가 어미에게 접근할 때는 꼬리를 더 꼿꼿이 세운다.
② 위협 시에는 털을 곤두세워 자신의 신체를 크게 보이려 한다.
③ 고양이가 놀이를 유발할 때는 누워서 배를 보인다.
④ 방어적인 위협은 수축된 눈동자에 의한 직접적인 아이콘택트, 앞으로 향한 수염, 똑바로 상대를 향한 자세를 취한다.

해설 위협에는 공격적인 위협과 방어적인 위협이 있다. 공격적인 위협은 수축된 눈동자에 의한 직접적인 아이콘택트, 앞으로 향한 수염, 똑바로 상대를 향한 자세 등 모두 공격을 걸어온다는 의지가 나타나 있다. 이 응시는 사회적인 거리를 조절하는 것에 사용된다.

정답 1 ③ 2 ① 3 ④

제8장 동물의 학습원리

1 서론

우리들 인간을 포함하여 동물은 다종다양한 행동을 발현한다. 태어나면서부터 유전적으로 프로그램 되어 있는 생득적 행동(본능행동)과 생후 학습에 의해 획득하는 습득적 행동(학습행동/획득행동)으로 나누어진다.

모든 동물들은 성장과 함께 새로운 반응을 계속적으로 획득(학습)하여 오래된 반응을 잊어가는 것이다.

이 장에서는 기본적인 학습 원리로서 순화, 고전적조건화, 조작적 조건화, 그리고 처벌에 대해 설명한다.

2 순화(길들임)

동물은 신기한 자극에 노출되면 놀라거나 불안해지는 것인데 이 자극이 고통이나 상해를 입히는 것이 아닌 경우는 반복 노출됨으로써 점차 익숙해진다.

3 고전적 조건화

무조건반응(반사반응)을 일으키는 무조건자극과 반응반응과는 무관계한 중립자극이 함께 반복하여 주어지면 곧 중립자극만으로도 반사반응을 일으키게 된다. 이것이 고전적 조건화로 대표적인 예로 '파블로프의 개'가 있다.

고전적조건화는 자발적인 행동이라기보다 부수의적·반사적인 반응이 주로 관여하고 보수를 필요로 하지 않는다는 점에서 다음 항의 조작적 조건화와는 다르다.

4 조작적 조건화

동물은 특정한 자극상황에서 일어나는 반응(행동)에 이어서 보수가 주어지면 다시 같은 상황이 됐을 때 똑같은 행동을 취할 확률이 증가하게 된다. 이것을 조작적 조건화라고 부른다. 즉, 이 조작적 조건화에는 자극→반응→강화(보수)가 이어서 일어나는 것이 중요하다.

(1) 강화

1) 강화인자

조작적 조건화에서는 보상을 가리키는 경우가 많다. 강화인자로서 먹이, 칭찬, 쓰다듬기 등이 이용된다.

2) 강화의 타이밍

보다 빠르고 확실하게 조건화를 성립시키기 위해서는 반응과 동시에, 또는 직후에 강화가 이루어져야 한다.

3) 강화의 정도

보통은 먹이와 같은 매력적인 보상이 유용하게 사용됨으로써 학습효과를 높여준다.

4) 강화 스케줄

반응을 가르칠 때는 모든 반응에 대해 강화함으로써 빠르게 학습이 성립한다.

5) 플러스강화와 마이너스강화

강화인자의 제시에 따라 반응이 일어날 가능성이 증가하는 조건화를 플러스 강화(양성강화라고도 한다)라 하는 반면, 반응 후 혐오적인 강화인자가 제거됨에 따라 반응이 일어날 가능성이 증가하는 것을 마이너스강화(음성강화)라고 한다.

6) 2차적 강화인자

본래의 보상이 아닌, 본래의 보상과 함께 주어짐으로써 강화인자로 작용하는 2차적 보상을 가리킨다.

(2) 소거

동물의 행동레퍼토리에서 조건화 된 특정 행동반응을 소멸시키는 것을 말한다.
여기서 주의해야 할 것은 조작적 조건화에 의한 학습이 소거되는 과정에서 때로 소거버스트라는 현상이 보인다는 것이다. 소거버스트란 지금까지 강화되어 온 반응이 갑자기 강화되지 않게 되었을 때, 한동안 그 반응이 더 빈번하게 보이는(burst) 것을 말한다. 단, 소거버스트는 일시적인 것으로 반응이 점차 감소하여 최종적으로는 소멸하게 된다.

(3) 반응형성(점진적 조건화)

희망하는 반응패턴에 제대로 다가갈 수 있도록 적절한 타이밍에서 강화를 주어 동물에게 본래의 행동레퍼토리에는 없는 복잡한 반응을 서서히 훈련시키는 경우에 이용하는 방법.

(4) 자극일반화

특정 자극에 대해 어떤 반응이 조건화 된 뒤, 유사한 자극에 대해서도 동일한 반응이 일어나게 되는 것을 말한다.

5 처벌

특정반응 직후에 큰 소리로 혼내는 것과 같은 혐오자극을 주거나(플러스처벌), 좋아하는 간식과 같은 보수가 되는 자극(강화자극)을 배제하는 것(마이너스처벌)을 말한다.
처벌을 유용하게 이용하기 위해서는 적절한 타이밍, 적절한 강도 및 일관성이 필요하다.
동물에게 직접적으로 주는 직접처벌, 동물이 처벌을 주는 인간은 인식할 수 없도록 원격조작에 의해 주는 원격처벌, 인간과의 상호관계를 중단함으로써 주는 사회처벌로 크게 나누어진다.

8장 단원정리문제

동물의 학습원리

01 다음 설명을 읽고 ( ) 안에 들어갈 용어로 올바른 것을 고르시오.

> 무조건반응(반사반응)을 일으키는 무조건자극과 반응반응과는 무관계한 중립자극이 함께 반복하여 주어지면 곧 중립자극만으로도 반사반응을 일으키게 된다. 이 것을 ( )라 하고 대표적인 예로는 '파블로프의 개'를 들 수 있다.

① 순화   ② 고전적 조건화   ③ 조작적 조건화   ④ 처벌

02 다음은 조작적 조건화 – 강화의 내용이다. 옳지 않은 것은?

① 강화인자로서 먹이, 칭찬, 쓰다듬기 등이 이용된다.
② 보다 빠르고 확실하게 조건화를 성립시키기 위해서는 반응과 동시에, 또는 직후에 강화가 이루어져야 한다.
③ 보통은 먹이와 같은 매력적인 보상이 유용하게 사용, 너무 매력적일 경우 흥분하므로 더욱 강화된다.
④ 반응이 일어날 가능성이 증가하는 조건화를 플러스 강화(양성강화라고도 한다)라 하는 반면, 반응 후 혐오적인 강화인자가 제거됨에 따라 반응이 일어날 가능성이 증가하는 것을 마이너스강화(음성강화)라고 한다.

> **해설** 너무 매력적인 보상을 이용하면 동물이 흥분하여 역효과가 날 수 있으므로 주의해야 한다.

정답 1 ② 2 ③

03 다음 처벌에 관한 설명 중 ( ) 안에 알맞은 말을 고르시오.

> 처벌은 동물에게 직접적으로 주는 (㉮), 동물이 처벌을 주는 인간은 인식할 수 없도록 원격조작에 의해 주는 (㉯), 인간과의 상호관계를 중단함으로써 주는 (㉰)로 크게 나누어진다.

① ㉮ - 직접처벌, ㉯ - 간접처벌, ㉰ - 관계처벌
② ㉮ - 부적처벌, ㉯ - 원격처벌, ㉰ - 사회처벌
③ ㉮ - 직접처벌, ㉯ - 원격처벌, ㉰ - 사회처벌
④ ㉮ - 직접처벌, ㉯ - 간접처벌, ㉰ - 관계처벌

해설 동물에게 직접적으로 주는 직접처벌, 동물이 처벌을 주는 인간은 인식할 수 없도록 원격조작에 의해 주는 원격처벌, 인간과의 상호관계를 중단함으로써 주는 사회처벌로 크게 나누어진다.

제 9 장 문제행동의 종류

1 문제행동이란

미국의 동물행동학 전문의들은 문제행동을 '이상행동과 사회나 주인에게 불편을 주는 행동 또는 주인의 자산이나 동물자신을 손상시키는 행동'이나 '주인의 생활에 지장을 미치는 행동' 등으로 정의하고 있다.

문제행동은 이하의 3가지로 크게 나눌 수 있다. 첫째, 동물이 본래 가지고 있는 행동양식(repertory)을 일탈하는 경우, 둘째, 동물이 본래 가지고 있는 행동양식의 범주에 있으면서도 그 많고 적음이 정상을 일탈하는 경우, 셋째, 그 많고 적음이 정상을 일탈하지 않더라도 인간사회와 협조되지 않는 경우이다.

2 개에게 보이는 주된 문제행동

(1) 공격행동

① **우위성 공격행동**(Dominance-related aggression) : 개가 자신의 사회적 순위를 위협받았다고 느낄 때 일어난다, 또는 그 순위를 과시하기 위해 보이는 공격행동.

② **영역성 공격행동**(Territorial aggression) : 정원, 실내, 차 등 개가 자신의 세력권이라 인식하는 장소에 접근하는 개체에 대해 보이는 공격행동. 자신이 방어해야 한다고 인식하고 있는 대상에 접근하는 개체에 대해 보이는 방호성 공격행동(Protective aggression)을 이 범주에 포함시키는 경우도 있다.

③ **공포성 공격행동**(Fear-based aggression) : 공포나 불안의 행동학적·생리학적 징후를 동반하는 공격행동.

④ 포식성 공격행동(Predatory aggression) : 주시, 침 흘리기, 몰래 다가가기, 낮은 자세 등의 포식행동에 잇따라 일어나는 공격행동으로 정동반응을 동반하지 않는 것이 특징.

⑤ 동종간 공격행동(가정내)(Interdog aggression) : 가정 안에서 서로의 우열관계에 대한 인식의 결여 또는 부족에 의해 일어나는 개들 간의 공격행동.

⑥ 동종간 공격행동(가정외)(Interdog aggression) : 가정 밖에서 위협이나 위해를 줄 의지가 없다고 생각되는 개에 대해 보이는 공격행동.

⑦ 아픔에 의한 공격행동(Pain-induced aggression) : 아픔을 느낄 때 일어나는 공격행동.

⑧ 특발성 공격행동(Idiopathic aggression) : 예측불능으로 원인을 알 수 없는 공격행동.

(2) 공포/불안에 관련된 문제행동

① 분리불안(Separation anxiety) : 주인이 없을 때에만 보이는 쓸데없이 짖기 또는 멀리서 짖기, 파괴적 활동, 부적절한 배설과 같은 행동학적 불안징후나 구토, 설사, 떨림, 지성피부염과 같은 생리학적 증상.

② 공포증(Phobia) : 천둥이나 큰 소리와 같은 특정 대상에 대해 일어나는 행동학적 및 생리학적 공포반응.

③ 불안기질(Fearfulness) : 겁이 많아 사회생활에 문제가 생기는 기질.

(3) 그 외의 문제행동

① 쓸데없이 짖기·과잉포효(Excessive barking) : 불필요하게 반복되는 포효.

② 파괴행동(Destructive behavior) : 이갈이, 놀이, 이기(異嗜), 분리불안 등과는 무관하게 보이는 파괴행동.

③ 부적절한 배설(Inappropriate elimination) : 부적절한 장소에서의 배설.

④ 관심을 구하는 행동(Attention-seeking behavior) : 주인의 관심을 사려는 행동.

⑤ 상동장애(Stereotypy) : 꼬리 쫓기, 꼬리 물기, 그림자 쫓기, 빛 쫓기, 실제로는 존재하지 않는 파리 쫓기, 허공 물기, 과도한 핥기 행동 등 이상빈도나 지속적으로 반복되는 협박적 또는 환각적인 행동.

⑥ 고령성 인지장애(Geriatric cognitive dysfunction) : 한밤중에 일어난다, 허

공을 바라본다, 집안이나 마당에서 길을 잃는다, 용변을 가리지 못한다, 등 가령에 따라 일어나는 인지장애.

⑦ 이기(Pica) : 배변이나 작은 돌 등 일반적으로 먹이라고 생각할 수 없는 물체를 즐겨 섭식하는 행동.

⑧ 성행동과잉(Excessive sexual behavior) : 과잉된 성행동. 수컷에서의 과잉된 마운팅이 문제가 되는 경우가 많다.

⑨ 성행동결여(Lack of sexual behavior) : 성충동의 결여나 불완전한 성행동 등이 특히 번식용 개에서 문제가 된다.

3 고양이에게 보이는 주된 문제행동

(1) 부적절한 배설

① 스프레이행동(Spraying) : 부적절한 장소에서의 스프레이(오줌에 의한 냄새마킹) 행동.

② 부적절한 배설(Inappropriate elimination) : 부적절한 장소에서의 배설.

(2) 공격행동

① 우위성 공격행동(Dominance-related aggression) : 고양이가 자신의 사회적 순위를 위협받았다고 느낄 때 일어난다, 또는 그 순위를 과시하기 위해 보이는 공격행동.

② 영역성 공격행동(Territorial aggression) : 고양이가 자신의 세력권이라 인식하는 장소에 접근하는 개체에 대해 보이는 공격행동.

③ 공포성 공격행동(Fear-based aggression) : 공포나 불안의 행동학적·생리학적 징후를 동반하는 공격행동.

④ 전가성 공격행동(Redirected aggression) : 어떠한 유인에 의해 고양이의 각성도가 높아져 있는(흥분되어 있는) 상황에서 일어나는 공격행동으로 유인과는 무관한 대상을 공격한다.

⑤ 애무유발성 공격행동(Petting-evoked aggression) : 핥고 있는 중에 갑자기 유발되는 공격행동.

⑥ 포식성 공격행동(Predatory aggression) : 주시, 침 흘리기, 몰래 다가가기, 낮은 자세 등의 포식행동에 잇따라 일어나는 공격행동.
⑦ 놀이공격행동(Play-related aggression) : 놀이 중이나 그 전후에 보이는 공격행동.
⑧ 아픔에 의한 공격행동(Pain-induced aggression) : 아픔을 느낄 때 일어나는 공격행동.
⑨ 특발성 공격행동(Idiopathic aggression) : 예측불능으로 원인을 알 수 없는 공격행동.

(3) 그 외의 문제행동

① 부적절한 발톱갈기행동(Inappropriate scratching) : 부적절한 대상에의 발톱갈기행동.
② 성행동과잉(Excessive sexual behavior) : 과잉된 성행동. 수컷에서의 과잉된 마운팅이 문제가 되는 경우가 많다.
③ 성행동결여(Lack of sexual behavior) : 성충동의 결여나 불완전한 성행동 등이 특히 번식용 고양이에서 문제가 된다.
④ 과잉증(Bulimia) : 과잉된 식욕에 의해 비만을 보이는 문제.
⑤ 거식증(Anorexia) : 식욕의 저하 또는 폐절에 의해 삭수 증상을 보이는 문제.
⑥ 이기(Pica) : 배변이나 작은 돌 등 일반적으로 먹이라고 생각할 수 없는 물체를 즐겨 섭식하는 행동.
⑦ 공포증(Phobia) : 천둥이나 큰 소리와 같은 특정 대상에 대해 일어나는 도피, 불안 행동이나 떨림 등의 생리학적 증상.
⑧ 불안기질(Fearfulness) : 겁이 많아 사회생활에 문제가 생기는 기질.
⑨ 상동장애(Stereotypy) : 꼬리 쫓기, 꼬리 물기, 그림자 쫓기, 빛 쫓기, 과도한 핥기행동 등, 이상빈도나 지속적으로 반복되는 협박적 또는 환각적인 행동.
⑩ 고령성 인지장애(Geriatric cognitive dysfunction) : 한밤중에 일어난다, 허공을 바라본다, 집안이나 마당에서 길을 잃는다, 용변을 가리지 못한다, 등 가령에 따라 일어나는 인지장애. 관절염, 시각장애, 청각장애, 체력저하, 반응지연 등과 같은 생리학적 변화를 동반하는 경우도 있다.

4 문제행동 수정을 할 때의 주의점

문제행동의 대부분의 증례에서 동물과 대치하여 행동수정하는 것이 아니라, 주인의 의식이나 행동을 변화시킴으로써 동물의 상황을 개선해야만 한다. 이것은 즉, 행동수정의 예후가 주인의 납득과 의지에 의존하는 것을 의미한다.

행동수정을 시도하려는 이에게 있어서 중요한 것은 다양한 치료방법을 숙지하고 있을 뿐 아니라, 주인의 인간성을 충분히 이해하여 그에 맞추어 상담을 하고, 또한 의지를 정확히 평가하여 상대가 납득이 가도록 치료방법을 설명할 수 있어야 한다.

(1) 문제행동을 함에 있어서 각오해야할 문제점

① 행동수정은 시간이 드는데 비해, 면담보상이 적다는 것
② 행동수정을 임상에 포함시킴으로써 주인과의 신뢰관계가 악화될 가능성이 있는 것
③ 행동수정학의 역사가 얕기 때문에 복잡한 증례가 생겼을 경우 상담하거나 소개처가 될 전문가가 적다는 것

단원정리문제

문제행동의 종류

01 다음 설명을 읽고 해당하는 용어를 고르시오.

> 사회나 주인에게 불편을 주는 행동 또는 주인의 자산이나 동물자신을 손상시키는 행동이나 주인의 생활에 지장을 미치는 행동

① 이상행동　　　② 문제행동　　　③ 지장행동　　　④ 동물행동

해설 미국의 동물행동학 전문의들은 문제행동을 '이상행동과 사회나 주인에게 불편을 주는 행동 또는 주인의 자산이나 동물자신을 손상시키는 행동'이나 '주인의 생활에 지장을 미치는 행동' 등으로 정의하고 있다.

02 다음 중 문제행동 수정을 할 때의 주의점이 아닌 것은?

① 문제행동의 대부분의 증례에서 동물행동상담사가 동물과 대치하여 행동수정하는 것이기 때문에 각별히 주의해야 한다.
② 행동수정법을 행동수정에 적응하는 경우는 모든 과정을 주인이 담당해야 한다.
③ 주인에게 충분한 의지가 없는 경우는 아무리 훌륭한 행동수정 방법이라도 효과는 전혀 기대할 수 없다.
④ 행동수정은 시간이 드는데 비해, 면담보상이 적다는 것을 주의한다.
⑤ 행동수정을 임상에 포함시킴으로써 주인과의 신뢰관계가 악화될 가능성이 있는 것을 주의한다.

해설 문제행동의 대부분의 증례에서 동물과 대치하여 행동수정을 하는 것이 아니라, 주인의 의식이나 행동을 변화시킴으로써 동물의 상황을 개선해야만 한다.

03 문제행동의 분류 범주가 아닌 것을 고르시오.

① 동물이 본래 가지고 있는 행동양식(repertory)을 일탈하는 경우
② 동물이 본래 가지고 있는 행동양식의 범주에 있으면서도 그 많고 적음이 정상을 일탈하는 경우
③ 동물이 본래 가지고 있는 행동양식의 범주 안에서 인간과 신뢰관계가 깨어진 경우
④ 그 많고 적음이 정상을 일탈하지 않더라도 인간사회와 협조되지 않는 경우

해설 ①, ②, ④번은 일반적인 문제행동의 3가지 범주이다.

04 다음 중 개에게 보이는 문제행동이 아닌 것을 고르시오.

① 스프레이행동(Spraying) : 부적절한 장소에서의 스프레이(오줌에 의한 냄새마킹)행동.
② 쓸데없이 짖기·과잉포효(Excessive barking) : 불필요하게 반복되는 포효.
③ 불안기질(Fearfulness) : 겁이 많아 사회생활에 문제가 생기는 기질.
④ 거식증(Anorexia) : 식욕의 저하 또는 폐절에 의해 삭수 증상을 보이는 문제.

해설 스프레이행동은 개의 문제행동이 아니라 고양이의 문제행동 중 하나로 부적절할 배설행동이다.

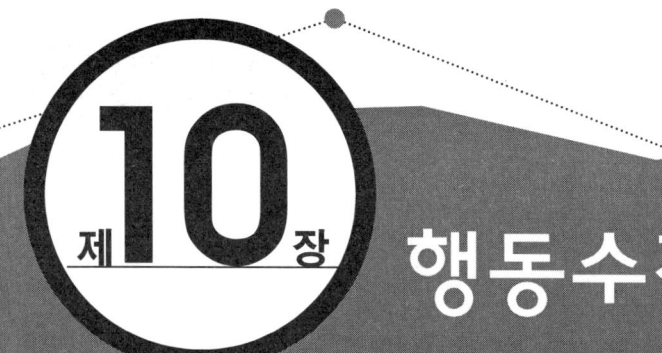

제10장 행동수정의 과정

1 행동수정의 흐름

- 동물행동상담과 동물행동치료의 차이는 동물행동상담사가 수행하는 부분과 동물행동 전문 수의사가 수행하는 부분이 다른 것과 같다.
- 동물행동 전문 수의사는 행동상담 및 교정 이외에 전문 약품의 처방과 처치를 할 수 있다.

문제행동의 진단과 행동수정 과정을 간단히 정리하자면 다음과 같다.

① 동물의 문제행동에 곤란해 하는 주인으로부터 연락
② 동물행동상담사가 상담예약을 넣음과 동시에, 동물에 관한 전반적인 정보와 문제행동의 개요를 사전에 알기 위한 진찰전 조사표(질문표 ; 권말자료를 참조)를 주인에게 보낸다.
③ 주인에 의해 기입된 질문표를 바탕으로 행동상담 계획을 세워둔다.
④ 행동상담은 우선 주인에게 문제행동의 개요를 설명하는 것부터 시작한다. 행동상담 중 담당 동물행동상담사는 동물의 모습과 함께 주인과 동물의 관계를 주의 깊게 관찰해야 한다.
⑤ 모든 정보를 다각적으로 검토한 뒤, 담당 동물행동상담사는 필요에 따라 의학적 검사를 실시하고 최종적인 진단을 내리게 된다. 그 후 주인의 능력에 맞는 행동상담 계획을 설명한다.

2 질문표에 의한 진찰전 조사의 실시

(1) 질문표의 내용

미국 코넬대학 수의학부 동물행동치료과 K. A. Houpt 교수가 작성한 질문표는 주인이 가능한 한 객관적으로 기입할 수 있도록 많은 질문에 선택지를 둔 것이 특징이다.
개의 질문표는 전반적인 정보, 문제행동의 내용과 경과(Q1~8), 가정환경(Q9~13), 개의 경력(Q14~17), 먹이와 섭식행동(Q18~23), 생활습관(Q24~39), 복종훈련(Q40~49), 병력(Q50~51), 공격행동검진표, 주인의 내원

동기와 치료에 대한 자세(Q52), 공격행동의 개요(Q53~63)의 11항목(9페이지)으로 되어 있다.

고양이의 질문표는 전반적인 정보, 문제행동의 내용과 경과(Q1~8), 가정환경(Q9~13), 고양이의 경력(Q14~17), 먹이와 섭식행동(Q18~22), 생활습관(Q23~25), 배설행동(Q26~37), 사회적 행동(Q38~43), 성행동(Q44~46), 병력(Q47~48), 주인의 내원동기와 치료에 대한 자세(Q49)의 11항목으로 되어 있다.

(2) 질문표를 사용하는 진찰의 장점과 단점

1) 장점

① 곤란해 하는 주인에게 알기 쉬운 질문표를 제시함으로써 진찰 시 필요한 사항을 정리하도록 하는 것이 가능
② 최소한의 질문을 잊어버리지 않게 해주어 유용
③ 문제가 되는 행동뿐 아니라, 전반적인 정보가 기재되어 있어 주인이 인식하지 못한 새로운 문제나 문제의 배경이 되는 동기도 발견할 수 있다
④ 행동수정 계획을 세워둘 수 있고, 행동상담 시 교상(咬傷)사고 등의 위험을 미연에 방지하는 것도 가능
⑤ 축적된 데이터를 바탕으로 다양한 조사나 분석을 하는 것이 가능

2) 단점

① 주인에게 여분의 수고가 든다는 것
② 행동상담 시간이 길어져 그 내용이 산만해질 가능성도 있음

3 행동상담 (consultation)

질문표의 이용유무와 상관없이 진찰은 행동치료에 빼놓을 수 없는 과정이다. 구미에는 이메일, 팩스, 전화 등에 의한 행동수정을 실시하고 있는 사람도 있지만 일반 주인에게는 자신의 개나 고양이에 대해 객관적인 평가를 하는 것이 곤란한 경우도 많으므로 동물의 상태나 주인과 동물의 관계를 직접 관찰할 수 있는 행동상담 기회를 생략해서는 안 된다. 어떠한 행동상담 방법을 선택하든 가능한 많은 관계자, 즉 책임이 있는 주인뿐 아니라, 동물과 밀접하게 관련된 주인의 가족들도 참가하는 것이 바람직하다.

(1) 행동상담 장소

1) 동물행동상담센터의 상담실

동물행동상담센터의 상담실은 동물행동상담사에게 형편이 좋은 곳이지만 동물의 주인에게 있어서는 긴장을 강요받는 곳이므로 실제 문제행동이나 주인과의 일상관계를 관찰하기에는 부적절하다.

2) 주인의 자택 (방문상담하는 경우)

방문상담은 실제 문제행동이나 주인과의 관계를 알기 위해서는 매력적인 방법이다. 그러나 동물행동상담사가 동물의 세력권 내에 침입해야 하는 것에 따른 위험성이다. 동물은 자신의 영역 내에 있을 때는 평소보다 자신감 있게 행동한다. 만일 동물의 문제가 공격행동이라면 동물행동상담사가 공격의 대상이 될 뿐 아니라, 공격이 격화될 가능성도 있으므로 충분히 주의해야 한다.

(2) 행동상담 시 질문표 이용

행동상담 시 질문표를 이용하는 경우는 질문표에 따른 형태로 진행해간다. 질문표를 기재하지 않은 경우는 주인의 능력에 따라 쉽게 질문을 바꾸어 보아도 좋다. 만일 질문표를 이용하지 않는 경우라도 질문에 의해 모아두어야 할 최소한의 정보에 대해 이하에 나타냈다.

- 문제가 되는 동물의 연령, 성별, 품종, 병력 등과 같은 일반정보
- 행동상담의 원인이 되는 문제행동의 개요(주요증상)와 주인이 희망하는 최종목표
- 행동상담의 계기가 된 사건의 상세
- 문제행동을 일으키는 상황 ; 인간, 시간대, 환경요인 등
- 문제행동에 이어서 나타나는 행동
- 문제행동의 경과 ; 최초의 문제발생시기, 빈도, 정도의 변화 등
- 관련된 문제행동
- 마지막으로 (가장 최근에) 일어난 사건의 상세
- 문제행동이 나타나지 않는 경우의 상황

동물의 문제행동을 정확히 진단하기 위해서는 문제행동을 일으키는 동기를 정확히 파악할 필요가 있다. 이를 위해서는 문제행동이 발현하기 전후의 동물의 모습을 확실히 관찰하지 않으면 안 된다.

4 의학적 조사

의학적 조사는 동물행동 전문 수의사에 의해 수행될 수 있다.

진찰을 마치면 유증감별에 필요한 의학적 검사를 실시한다. 문제행동의 종류에 따라서 그 내용이 달라지는데 필요에 따라 실시해야 할 검사를 이하에 나타냈다.

(1) **건강진단** : 공격행동이나 쓸데없이 짖기 등은 아픔에 의해 발현되는 경우가 있으므로 일반건강진단에 의해 아픔의 유무를 조사할 필요가 있다.
(2) **혈액성상 검사** : 일반혈액검사를 실시함으로써 내과질환에 의한 행동변화를 감별할 수 있는 경우가 있다. 경우에 따라서는 혈액 중 호르몬농도를 측정하는 것이 좋다. 공격성의 상승에 관련된 내분비환으로서 갑상선기능저하증이나 항진증, 부신기능항진증 등이, 억울상태를 보이는 질환으로는 당뇨병, 상피소체기능항진증, 부신기능항진증, 인슐린종 등이 있다.
(3) **오줌검사** : 부적절한 배설이 주요증상인 경우는 필수 검사이다. 뇨성상 검사뿐 아니라, 요로계 질환의 검사도 함께 해야 한다.
(4) **배변검사** : 이기(異嗜)가 심한 경우는 우선 기생충검사를 해야 한다.
(5) **피부검사** : 지성피부염, 육아종이 보이는 경우는 우선 피부병에 관한 검사를 해야 한다.
(6) **중추(신경학적) 검사** : 상시장애나 관심을 구하는 행동 등에서 동물이 선회운동이나 파행을 보이는 경우도 있는데 이러한 증상이 있을 때는 일반 신경학적 검사나 X선 검사, CT검사, MRI검사 등에 의한 유증 감별이 필요한 경우도 있다.

5 진단

진단 전에 주인이 기재한 질문표, 진찰시의 정보, 의학적 검사결과를 종합적으로 판단하여 진단을 내리게 된다. 그러나 이만큼의 정보를 가지고도 실제 문제행동을 보지 않은 수의사는(행동상담 중에 문제행동이 보였다 하더라도) 확정 진단을 내릴 수 없는 경우도 적지 않다. 이러한 경우는 임시 진단을 가지고 치료를 진행할 수 있다. 어느 쪽이든 진단을 내리는 경우는 유증감별 해야 할 항목을 면담카드에 열거하여 주인에게 감별해야 할 점들을 설명하고 진찰 후의 정보제공을 요청할 필요가 있다.

6 행동수정 방침의 설명

진단이 내려진 후에는 주인에게 진단명과 진단을 내린 근거를 명확히 전달하고 행동수정 방침을 자세히 설명해야 한다. 행동치료 시에는 약물투여나 환경수정뿐 아니라, 행동수정법과 같이 주인이 평소 실천해야 할 점들이 많으므로 이 과정에도 충분한 시간을 할애할 필요가 있다. 기초프로그램의 방법(후술) 등은 구두설명이나 설명지만으로는 불충분하므로 주인과 개를 참가하도록 하여 실천해보는 편이 바람직하다.

7 follow up

행동수정을 실제로 실시하는 것은 주인이므로 행동수정의 과정에서는 행동수정 후의 follow up이 반드시 필요하다. 연락수단으로는 편지, 전화, 팩스, 이메일 등이 생각되는데 다른 면담업무에 지장이 없도록 사전에 수단을 한정하는 편이 좋다.

주인한테서 연락이 없는 경우라도 진찰 1주 후에는 행동수정법에 불분명한 점이 많은지, 문제는 없는지, 경과는 어떠한지 등을 물어보고, 행동수정법이 힘들어 절망하는 주인을 북돋는다는 의미에서도 담당수의사가 연락하는 것이 바람직하다.

follow up을 할 때 중요한 것은 조금이라도 좋으니 문제가 개선방향으로 흘러가고 있다는 것을 주인에게 실감하도록 하는 것이다.

많은 행동수정법은 단조롭고 귀찮은 일이며 매일 지속해야 한다. 또한 상처와는 달리, 하루의 수정효과를 실감하지 못하므로 행동수정 방법에 쉽게 의문을 갖거나 마음이 약해져 멋대로 치료를 중지해버리기 쉽다. 이러한 문제를 막는 유일한 방법은 담당 동물행동상담사에 의한 follow up이라는 것을 동물행동상담사는 충분히 인식해두지 않으면 안 된다.

10장 단원정리문제

행동치료의 과정

01 다음 내용에 해당하는 동물행동상담 장소의 설명으로 알맞은 것을 고르시오.

> 이 행동상담 장소의 단점으로는 동물행동상담사가 동물의 세력권 내에 침입해야 하는 것이다. 동물은 자신의 영역 내에 있을 때는 평소보다 자신감 있게 행동하기 때문에 공격의 대상이 될 수도 있다.

① 공공장소
② 주인의 자택
③ 동물행동상담센터 상담실
④ 낯선 공간

해설

방문상담은 실제 문제행동이나 주인과의 관계를 알기 위해서는 매력적인 방법이다. 그러나 동물행동상담사가 동물의 세력권 내에 침입해야 하는 것에 따른 위험성이다. 동물은 자신의 영역 내에 있을 때는 평소보다 자신감 있게 행동한다. 만일 동물의 문제가 공격행동이라면 동물행동상담사가 공격의 대상이 될 뿐 아니라, 공격이 격화될 가능성도 있으므로 충분히 주의해야한다.

02 다음 동물행동상담 시 질문에 의해 모아두어야 할 최소한의 정보에 대한 것이 아닌 것은?

① 문제가 되는 동물의 연령, 성별, 품종, 병력 등과 같은 일반정보
② 행동상담의 계기가 된 사건의 상세
③ 문제행동을 일으키는 상황 ; 인간, 시간대, 환경요인 등
④ 관련되지 않았지만 앞으로 기대되는 문제행동

해설

동물이 보이는 문제행동과 관련된 문제행동들을 면밀히 검토하여 살펴보는 것도 중요하다. 나타나지 않은 문제행동까지 질문할 필요는 없다.

정답 1 ③ 2 ④

03 다음 행동수정의 순서로 알맞은 것을 고르시오.

㉮ 주인으로부터 연락 ㉯ 행동상담
㉰ 진단 및 행동수정 계획 설명 ㉱ 행동상담 예약 및 질문표 작성

① ㉮ – ㉱ – ㉯ – ㉰
② ㉮ – ㉱ – ㉰ – ㉯
③ ㉱ – ㉮ – ㉯ – ㉰
④ ㉮ – ㉯ – ㉰ – ㉱

해설 ㉮ 주인으로부터 연락 – ㉱ 행동상담 예약 및 질문표 작성 – ㉯ 행동상담 – ㉰ 진단 및 행동수정 계획 설명

04 다음 의학적 검사의 설명으로 옳지 않은 것을 고르시오.

① 건강진단 : 상시장애나 관심을 구하는 행동 등에서 동물이 선회운동이나 파행을 보이는 경우 실시한다.
② 피부검사 : 지성피부염, 육아종이 보이는 경우는 우선 피부병에 관한 검사를 해야 한다.
③ 배변검사 : 이기(異嗜)가 심한 경우는 우선 기생충검사를 해야 한다.
④ 혈액성상(내분비검사를 포함) 검사 : 일반혈액검사를 실시함으로써 내과질환에 의한 행동변화를 감별할 수 있는 경우가 있다. 경우에 따라서는 혈액 중 호르몬농도를 측정하는 것이 좋다.

해설 건강진단은 공격행동이나 쓸데없이 짖기 등은 아픔에 의해 발현되는 경우가 있으므로 일반건강진단에 의해 아픔의 유무를 조사할 때 실시한다. 또한 털의 상태에 따라 내분비질환을 추정하는 것이 가능한 경우도 있다.

05 다음 중 follow up에 대한 설명으로 옳은 것을 고르시오.

① 행동수정의 과정에서는 행동상담 후의 follow up이 반드시 필요하지는 않다.
② 연락수단으로는 편지, 전화, 팩스, 이메일 등이 생각되는데, 연락수단을 한정하기보다는 주인이 선택한 연락수단을 존중한다.
③ 주인에게서 연락이 없는 경우, 끝까지 주인의 연락을 기다려본다.
④ follow up은 행동수정법이 힘들어 절망하는 주인을 북돋는다는 의미도 지닌다.

해설 행동수정을 실제로 실시하는 것은 주인이므로 행동수정의 과정에서는 행동수정 후 follow up이 반드시 필요하다. 연락수단으로는 편지, 전화, 팩스, 이메일 등이 생각되는데 다른 면담업무에 지장이 없도록 사전에 수단을 한정하는 편이 좋다. 주인한테서 연락이 없는 경우라도 진찰 1주 후에는 행동수정법에 불분명한 점이 많은지, 문제는 없는지, 경과는 어떠한지 등을 물어보고, 행동수정법이 힘들어 절망하는 주인을 북돋는다는 의미에서도 담당 동물행동상담사가 연락하는 것이 바람직하다.

정답 3 ① 4 ① 5 ④

제11장 행동수정의 기본적 수법

행동수정법이란 부적절한 동물의 행동을 바람직한 행동으로 변화시키는 수법으로 동물의 학습 원리에 기초하여 고안되어 있으며 행동치료의 중심이 된다. 대부분의 문제행동에 대해 유용한 방법이지만 실제로는 주인이 실시하는 것이므로 그 효과는 주인의 이해력과 실천력에 달려 있다. 따라서 행동수정법을 이용하는 동물행동상담사는 주인의 응낙성을 적절히 평가하면서 지시하고 필요에 따라 follow up 해야 한다.

1 행동수정법

(1) 순화

일반적으로 동물은 신기한 자극을 받으면 놀라거나 불안해지는데 이 자극이 고통이나 상해를 주는 것이 아닌 경우는 반복하여 노출됨으로써 점차 익숙해진다. 이 과정을 순화라고 하며 큰 소리에의 순화, 낯선 인간에의 순화, 차에 타는 것에의 순화 등이 구체적인 예이다.

1) 홍수법(Flooding)
동물이 반응을 일으키기에 충분한 강도의 자극을 동물이 그 반응을 일어나지 않게 될 때까지 반복하여 주는 행동수정법.
ex - 차를 타면 토하거나 계속 짖어대는 개에 대해 무슨 일이 있든 최종적으로 어떠한 반응도 보이지 않을 때까지 계속해서 몇 번이고 차에 타우는 것을 말한다.

2) 계통적 탈감작(Systematic desensitization)
처음에는 동물이 반응을 일으키지 않을 정도의 약한 자극을 반복하여 주어 반응하지 않는다는 것을 확인하면서 단계적으로 자극의 정도를 높여가서 반응을 일으켰던 정도까지 자극을 높여도 반응이 일어나지 않도록 서서히 길들여가는 행동 수정법.

ex - 치료시작 시점에서는 우선 시동을 걸지 않은 차에 개를 태운다. 이것을 몇 번 반복하여 개가 부적절한 반응을 보이지 않는 것을 확인한 다음, 다음 단계로 진행한다. 이번에는 개를 차에 태우고 시동을 걸어본다. 다음은 집 주변을 한 바퀴 드라이브하여 순화하고, 점차 드라이브 거리를 늘려간다.

(2) 고전적 조건화

무조건반응(반사반응)을 일으키는 무조건자극과 반사반응과는 무관한 중립자극이 함께 반복해서 주어지면 곧 중립자극만으로도 반사반응을 일으키게 된다.

이것은 '파블로프의 개'의 예에 대표된다. 러시아의 연구자인 파블로프는 개에게 계속 종소리를 들려주면서 먹이를 주자, 곧 먹이를 없어도 벨소리만으로 개가 군침을 흘린다는 사실을 발견했다. 이 현상에서는 무조건자극이 먹이, 중립자극(조건자극)이 벨소리, 반사반응(조건반응)이 타액의 분비가 된다.

단, 조건자극이 무조건자극과 함께 주어지지 않으면 조건반응은 소실된다. 이 과정을 소거라고 부른다(소거에 대해서는 조작적조건화의 항을 참조).

(3) 조작적 조건화(Operant conditioning)

동물은 특정한 자극상황에서 일어나는 반응(행동)에 이어서 보상이 주어지면 다시 같은 상황이 됐을 때 똑같은 행동을 취할 확률이 증가하게 된다. 이것을 조작적조건화라고 부른다. 즉, 이 조작적조건화에는 자극, 반응, 강화(보상)가 이어서 일어나는 것이 중요하다.

1) 강화 (Reinforcement)

① **강화인자** : 조작적조건화에서는 보상을 가리키는 경우가 많다. 반려동물에게 조건화를 하는 경우는 강화인자로서 먹이, 칭찬, 쓰다듬기 등이 이용된다.
② **강화의 타이밍** : 보다 빠르고 확실하게 조건화를 성립시키기 위해서는 반응과 동시에 강화가 이루어져야 한다.
③ **강화의 정도** : 보통은 먹이와 같은 매력적인 보상이 유용하게 사용된다.
④ **강화 스케줄** : 반응을 가르칠 때는 모든 반응에 대해 강화함으로써 빠르게 학습이 성립한다.

⑤ 플러스강화와 마이너스강화 : 강화인자의 제시에 따라 반응이 일어날 가능성이 증가하는 조건화를 플러스강화(양성강화라고도 한다)라 하는 반면, 반응 후 혐오적인 강화 인자가 제거됨에 따라 반응이 일어날 가능성이 증가하는 것을 마이너스강화(음성강화)라고 한다.

⑥ 2차적 강화인자 : 본래의 보상이 아닌, 본래의 보상과 함께 주어짐으로써 강화 인자로 작용하는 2차적 보상을 가리킨다.

2) 소거(Extinction)

동물의 행동레퍼토리에서 조건화 된 특정 행동반응을 소멸시키는 것을 말한다. 소거는 다른 반응을 새롭게 학습하는 것이며 망각이 아니라는 것에 주의해야 한다.

3) 반응형성(접근조건부여)(Shaping, Successive approximation)

희망하는 반응패턴에 제대로 다가갈 수 있도록 적절한 타이밍에서 강화를 주어 동물에게 본래의 행동레퍼토리에는 없는 복잡한 반응을 서서히 훈련시키는 경우에 이용하는 방법을 말한다.

4) 자극일반화(Stimulus generalization)

특정 자극에 대해 어떤 반응이조건화 된 뒤, 유사한 자극에 대해서도 동일한 반응이 일어나게 되는 것을 말한다.

(4) 처벌(Punishment)

특정 반응이 재발할 가능성을 줄이기 위해 그 반응이 가장 클 때나 직후에 혐오자극을 주거나 보상이 되는 자극(강화자극)을 배제하는 것을 말한다. 처벌은 혐오자극이 제거됨으로써 반응재발의 가능성이 증가하는 '마이너스강화'와는 전혀 다른 것임에 주의해야 한다.

1) 직접처벌 (Interactive punishment)

'말로 혼낸다. 때린다. 동물의 목덜미를 잡는다.' 등 동물에게 직접적으로 가하는 처벌을 말한다. 이러한 종류의 처벌은 공격성을 악화시킬 가능성이 있으므로 물릴 염려가 없는 동물에게만 적용해야 한다.

2) 원격처벌(Remote punishment)

짖음방지목걸이, 물대포, 전기사이렌, 뛰어오름 방지장치 등을 이용하여 동물이 처벌을 주는 인간을 인식하지 못하도록 원격조작에 의해 주는 처벌을 말한다.

3) 사회처벌(Social punishment)

무시나 타임아웃(개가 바람직하지 않은 행동을 보인 직후에 어둡고 좁은 방에 가두어 개가 짖는 동안에는 풀어주지 않는다) 등과 같이 인간과의 상호관계를 단절함으로써 주는 처벌을 말한다.

(5) 행동수정법의 기초가 되는 트레이닝

기초프로그램이라 불리는 트레이닝은 간단한 명령과 개가 좋아하는 간식(보상)을 이용하여 주인과 개의 관계를 재구축하려는 것으로 거의 모든 문제행동에 대한 치료 시 적용된다.

(6) 행동수정법을 돕는 도구

1) 헤드 홀더

특수한 목걸이로 목줄(리드)을 당기면 뒤통수와 코에 압력이 가해지는 구조이다. 일반적으로 판매되고 있는 헤드 홀더는 목과 코 부분의 끈으로 되어 있다. 헤드 홀더를 처음 착용하면 개가 싫어하면서 풀려고 하는 경우도 많으나 보상을 주면서 착용하거나 처음에는 산책 시에만 착용하거나 하면 비교적 단기간에 익숙해진다.

2) 입마개(basket muzzle)

개의 입부분을 완전히 덮어버리는 망이다. 입 꼬리 부분을 조이지 않으므로 착용한 채 간식 등의 보상을 이용한 트레이닝을 하는 것도 가능하다.

3) 짖음방지목걸이

개가 짖음과 동시에 소리나 진동을 감지하여 처벌을 주는 목걸이. 처벌로서는 전기쇼크 또는 개가 불쾌하게 느끼는 냄새(감귤계나 겨자 등)가 목걸이에 장착된 장치에서 분사된다.

4) 먹이를 넣은 타월이나 특별한 장난감

분리불안의 치료 시 사용된다. 분리불안의 증상은 주인이 외출 후 30분 이내에 발현되는 경우가 많으므로 이 시간대에 개가 주인의 외출을 잊어버리고 놀 수 있는 장난감이 유용하다.

5) 뛰어오름 방지장치

소파나 침대 위에 놓고 개나 고양이가 그 위에 올라오면 큰 소리가 나는 장치.

6) 쥐잡기, 물대포, 전기사이렌, 동전을 넣은 깡통 등

모두 원격처벌로 이용되는 도구이다. 개나 고양이가 주인이 처벌하는 것이 아니라, 천벌을 받은 것으로 생각하도록 한다.

7) 페로몬양 물질분무제

고양이의 오줌분사행동에 대해 유용한 분무제로 익숙하지 않은 환경에 대한 고양이의 불안을 없애는 페로몬효과에 의해 분사행동이 감소된다.

8) 기피제

개나 고양이가 불쾌하게 느끼는 냄새나 맛이 나는 분무제나 크림 등으로 특히 파괴행동에 대해 적용한다.

2 약물요법

- 약물요법은 동물행동 전문 수의사만이 수행할 수 있다.
- 동물행동상담사는 문제행동 분석과 보호자 상담, 행동교정까지 수행한다.

약제나 호르몬제를 사용하여 문제행동을 해결해가는 방법이다. 단, 현재 약제투여만으로 문제행동이 완전히 해소되는 일은 없으며 거의 모든 증례에서 약물요법은 행동수정법을 보조하는 형태로 이용된다. 공격행동이나 상동장애, 분리불안과 같은 문제행동에는 뇌내에서 정보를 전달하는 세로토닌이나 노르아드레날린과 같은 신경전달물질의 이상이 관여하는 것으로 생각되므로 구미에서는 문제행동치료 시 이러한 신경전달물질의 기능을 조절하도록 작용하는 다양한 향중추약이 널리 이용되고 있다.

(1) 약물요법을 고려하는 경우

1) 주인이 안락사를 생각하고 있다.
2) 상동장애 등으로 동물의 자상(自傷)의 정도가 심하다.
3) 자극에 대한 동물의 반응이 너무 심하여 탈감작 등의 치료를 시작할 수 있다.

4) 천둥 등 동물에게 반응을 일으키는 자극의 발현시기의 예측과 컨트롤이 불가능하다.
5) 행동수정법에 실패했거나 개선의 가능성이 없다, 중 1항목 이상이 해당해야 한다.

3 의학적 요법

- 의학적 요법은 동물행동 전문 수의사만이 수행할 수 있다.
- 동물행동상담사는 문제행동 분석과 보호자 상담, 행동교정까지 수행한다.

(1) 거세

웅성호르몬인 테스토스테론이 원인이 되는 문제행동 중 어떤 것들은 거세에 의해 개선되는 경우가 있다. 개에서는 마킹, 마운팅, 방랑벽, 함께 사는 개에 대한 공격, 주인에 대한 공격에 대해 일정 효과가 기대되며, 고양이에 대해서는 방랑벽, 고양이 간의 싸움, 오줌분사에 대해 상당히 효과적이라는 것이 확인되었다.

(2) 피임

(3) 송곳니절단술

대형견은 살상능력이 높기 때문에 과거에 교상사고를 일으킨 경력이 있는 개에 대해서는 송곳니를 절단하는 수술이 필요한 경우가 있다.

(4) 성대제거술

쓸데없이 격렬히 짖어서 인근 주민들의 불만이 끊이지 않는 경우에 적용되는 일이 많다. 그러나 성대를 제거해도 짖는 행동이 사라지지 않는다는 점, 성대는 재생할 가능성이 있다는 점도 주인에게 충분히 설명해두어야 한다. 동물복지 측면에서 부정적인 시각이 큰 수술이다.

(5) 앞발톱제거술, 앞발힘줄절단술

고양이의 공격행동이나 부적절한 발톱갈기 행동에 적용된다. 동물복지 측면에서 부정적인 시각이 큰 수술이다.

11장 단원정리문제

행동치료의 기본적 수법

01 다음 중 순화에 대한 내용으로 옳지 않은 것을 고르시오.

① 순화란 자극이 고통이나 상해를 주는 것이 아닌 경우에 반복하여 노출됨으로써 점차 익숙해지는 것을 말한다.
② 일반적으로 고령 동물 쪽이 약령기의 동물보다 순화하기 쉬운 것으로 알려져 있다.
③ 순화의 방법으로는 홍수법과 계통적 탈감작이 있다.
④ 홍수법이란 동물이 반응을 일으키기에 충분한 강도의 자극을 동물이 그 반응을 일어나지 않게 될 때까지 반복하여 주는 행동수정법이다.
⑤ 계통적 탈감작이란 단계적으로 자극의 정도를 높여가서 반응을 일으켰던 정도까지 자극을 높여도 반응이 일어나지 않도록 서서히 길들여가는 행동 수정법이다.

> **해설** 일반적으로 순화는 약령기의 동물 쪽이 고령 동물보다 순화하기 쉬운 것으로 알려져 있다.

02 다음 중 계통적 탈감작 방법에 대한 설명을 고르시오.

① 어린 동물의 경우나 공포의 정도가 약한 경우에 유용하다.
② 해당 반응이 줄어들기 전에 자극에의 노출을 중지하거나 동물이 회피행동에 의해 자극에서 벗어나는 것을 학습해버리면 효과가 없을 뿐 아니라, 문제행동을 악화시킬 우려가 있다.
③ 그 반응을 일어나지 않게 될 때까지 반복하여 주는 행동수정법이다.
④ 이 수법을 이용할 때의 주의 점은 치료기간을 단축하려고 전 단계의 순화가 충분하지 않은데 다음 단계로 진행해서는 안 된다는 것이다.

> **해설** 계통적 탈감작 수법을 이용할 때의 주의 점은 치료기간을 단축하려고 전 단계의 순화가 충분하지 않은데 다음 단계로 진행해서는 안 된다는 것이다. 만약 급한 마음에 치료를 진행하여 동물이 완전히 부적절한 반응을 보이게 되면 다시 처음 단계로 되돌아가야 하기 때문이다. 동물이 조금이라도 부적절한 반응의 징후가 보이면 반드시 전 단계로 되돌아가 충분한 순화를 시켜야 한다.

03 다음 설명을 읽고, 해당하는 것을 고르시오.

> 본래의 보상이 아닌, 본래의 보상과 함께 주어짐으로써 강화인자로 작용하는 2차적 보상을 가리킨다.

① 강화인자
② 강화의 정도
③ 플러스 강화
④ 2차적 강화인자

해설 2차적 강화인자는 본래의 보상이 아닌, 본래의 보상과 함께 주어짐으로써 강화인자로 작용하는 2차적 보상을 가리킨다. 예를 들어, 간식을 이용하면서 개를 훈련할 때 동시에 칭찬을 해주면 곧 칭찬만으로도 보상의 역할을 하게 되는 것이다. 클릭커 트레이닝에서 이용되는 클릭커의 소리도 2차적 강화인자 중 하나이다.

04 다음 중 처벌의 관한 내용으로 옳지 않은 것을 고르시오.

① 처벌은 혐오자극이 제거됨으로써 반응재발의 가능성이 증가하는 '마이너스강화'와 비슷한 개념이다.
② 직접처벌이란 동물에게 직접적으로 가하는 처벌을 말한다.
③ 원격처벌이란 인간과의 상호관계를 단절함으로써 주는 처벌을 말한다.
④ 사회처벌이란 동물이 처벌을 주는 인간을 인식하지 못하도록 하는 것을 말한다.

해설 직접처벌이란 '말로 혼낸다. 때린다. 동물의 목덜미를 잡는다.' 등 동물에게 직접적으로 가하는 처벌을 말한다. 이러한 종류의 처벌은 공격성을 악화시킬 가능성이 있으므로 물릴 염려가 없는 동물에게만 적용해야 한다.

05 다음 중 문제행동치료 시 사용되는 의학적 요법이 아닌 것은?

① 송곳니 절단술
② 성대제거술
③ 페로몬 분무제
④ 거세

해설 ①, ②, ④번은 의학적 요법에 해당하고, ③의 경우 행동수정법에 사용되는 도구 중 하나이다.

정답 1② 2④ 3④ 4② 5③

제12장 개의 문제행동

1 서론

개의 문제행동에는 다양한 종류가 존재한다. 본장에서는 그 중에서도 자주 보이는 개의 문제행동에 대해 설명한다. 가벼운 문제행동에 대해서는 동물간호사가 상담할 수도 있지만 증례에 따라서는 문제행동이 악화될 가능성이 있으므로 문제행동의 진단과 치료에 대해서는 전문지식을 가진 수의사 및 전문가에게 맡겨야 한다.

2 문제행동

(1) 우위성 공격행동

개가 인식하고 있는 자신의 사회적 순위가 위협받을 때 일어난다, 또는 그 순위를 과시하기 위해 보이는(주인의 가족을 무리 '팩(pack)'으로 인식하여 그 안에서의 순위를 높이려고 하는) 공격행동을 말한다.

대부분의 개들은 보통 무리의 가장 낮은 순위를 만족하고 받아들이지만 그중에는 더 상위의 순위를 노리는 개들도 있다. 주인이나 일부 가족에 대해 도전적인 태도를 보일 때 으르렁거리거나 물거나 하게 된다.

① 개가 먹이나 장난감을 소중하게 지키고 있는데 그것을 가져가려고 한 경우
② 소파나 침대 등 좋아하는 곳에서 자고 있거나 쉬고 있는 것을 방해한 경우
③ 자신의 주인(리더)이라고 생각하는 사람에게 다른 가족이 접근하거나 만지는 경우
④ 개가 자신의 순위를 위협받았다고 느낀 경우(예를 들어 개를 위에서 덮치거나 눈을 빤히 바라보거나 혼내거나 목줄을 잡아당기거나 요구하지 않았는데 계속 쓰다듬는 경우 등)

우위성 공격행동은 대부분이 선조부터 내려져오는 성질이기 때문에 완전히 치유되지 않는 것으로 생각하여, 개의 생애에 걸쳐 대처를 계속해야만 한다.

1) 원인
   ① 견종에 따른 유전적 경향
      테리어, 시베리안 허스키, 아프간하운드, 미니추어 슈나우저, 차우차우, 치와와, 라사압소, 로트와일러 등의 견종은 유전적으로 우위성 공격행동이 발현되기 쉽다.
   ② 수컷
      암컷에 비해 수컷에서는 웅성호르몬인 테스토스테론의 영향을 받기 때문에 우위성 공격행동이 발현되기 쉽다.
   ③ 생득적 기질
      타고난 기질로 우위성 공격행동이 발현되기 쉬운 개체가 존재한다.
   ④ 주인의 리더성 결여

2) 진단
   ① 공격의 대상(주인이나 가족)이나 상황을 상세히 검토하여 진단한다.
   ② 공포성 공격, 포식성 공격, 놀이공격, 아픔에 의한 공격, 특발성 공격 등 다른 공격행동과의 유증감별이 필요하다.

(2) 영역성 공격행동

마당, 집안, 차 등 개가 자신의 세력권으로 인식하고 있는 장소나 자신이 보호해야 한다고 인식하고 있는 대상에 접근하는 '위협이나 위해를 주는 의지가 없는' 개체에 대해 보이는 공격행동.

1) 원인
   ① 견종에 따른 유전적 경향
      도베르만, 아키타견, 미니추어 슈나우저, 로트와일러, 저먼셰퍼드, 차우차우 등의 견종은 유전적으로 영역성 공격행동을 발현하기 쉽다.
   ② 과도한 영역방위본능
      개가 자신의 세력권을 방위하는 것은 본능적인 행동이지만 개체에 따라서는 이것이 과도하게 나타나는 경우가 있다.

③ 강화학습(마이너스강화)

　　공격행동에 의해 위협을 느낀 대상이 사라진다는 것을 학습함에 따라 악화된다.

2) 진단

① 공격의 대상(주인이나 가족에게 접근하는 사람이나 동물)이나 상황(개의 세력권을 침범하고 있는 사실)을 상세히 검토하여 진단한다.
② 치료에는 공격을 일으키는 계기(자극)의 동정이 필요하다.
③ 우위성 공격, 공포성 공격, 포식성 공격, 놀이공격, 아픔에 의한 공격, 특발성 공격 등 다른 공격행동과의 유증감별이 필요하다.

(3) 공포성 공격행동

공포나 불안의 행동학적·생리학적 징후가 동반되어 일어나는 공격행동.

1) 원인

① 과도한 공포나 불안
② 생득적 기질
　　천성적으로 공포나 불안을 느끼기 쉬운 개체가 존재한다.
③ 사회화 부족
　　생후 3~12주의 사회화기에 충분한 경험을 하지 않은 경우는 성장 후 신기한 환경이나 대상물에 대해 과도한 공포나 불안을 느끼게 된다.
④ 과거의 혐오경험
　　과거(특히 어렸을 때)에 공포경험이나 불안경험이 있으면 신기한 환경이나 대상물에 과도한 반응을 보이기 쉽다.

2) 진단

① 공격대상이나 상황(공포나 불안의 행동학적·생리학적 징후를 동반한다)을 상세히 검토하여 진단한다.
② 치료에는 공격을 일으키는 계기(자극)의 동정이 필요하다.
③ 우위성 공격, 공포성 공격, 포식성 공격, 놀이공격, 아픔에 의한 공격, 특발성 공격 등 다른 공격행동과의 유증감별이 필요하다.

(4) 포식성 공격행동

주시, 침을 흘림, 살금살금 걸음, 낮은 자세 등과 같은 포식행동에 이어서 일어나는 공격행동.

1) 원인

① 과도한 포식본능
   개체에 따라서는 작고 움직이는 것은 모두 사냥감이라고 인식하는 경우가 있다.
② 유아나 소동물에 대한 사회화부족
   사회화기에 유아나 소동물에 대해 사회화가 되지 않았거나 충분하지 않으면 이들을 사냥감이라고 인식하게 된다.

2) 진단

① 유아나 소동물을 대상으로 하여 포식행동에 연동하여 일어나는 공격에 대해 상황에 따라 진단한다.
② 우위성 공격, 공포성 공격, 포식성 공격, 놀이공격, 아픔에 의한 공격, 특발성 공격 등 다른 공격행동과의 유증감별이 필요하다.

(5) 동종간 공격행동(가정내)

가정 안에서 서로의 우열관계에 대한 인식 결여 또는 부족에 의해 일어나는 개들 간의 공격행동.

1) 원인

① 개들 간의 우열순위의 불안정 또는 결여
   특히 견종, 크기, 연령, 성별이 같은 경우는 우열순위가 잘 형성되지 않으므로 개들 간의 공격행동이 나타나기 쉽다.
② 개의 우위순위에 대한 주인의 부적절한 간섭
③ 주인의 애정을 구하려는 개들 간의 경합
④ 견종에 따른 유전적 경향
   테리어, 차우차우, 시베리안 허스키, 미니추어 슈나우저, 저먼 셰퍼드 등의 견종은 개들 간의 공격행동이 나타나기 쉽다.
⑤ 수컷
   암컷에 비해 수컷은 웅성호르몬인 테스토스테론의 영향을 받기 때문에 개들 간의 공격행동이 나타나기 쉽다.

2) 진단
   ① 동일 가정 내의 개들 간의 공격을 확인하고 진단한다.
   ② 공포성 공격, 놀이공격, 아픔에 의한 공격, 특발성 공격 등 다른 공격행동과의 유증감별이 필요하다.

(6) 동종간 공격행동(가정외)

가정 밖에서 위협이나 위해를 줄 의지가 없는 것으로 생각되는 개에 대해 보이는 공격행동.

1) 원인
   ① 견종에 따른 유전적 경향
      테리어, 차우차우, 시베리안 허스키, 미니추어 슈나우저, 저먼 셰퍼드 등의 견종은 개들 간의 공격행동이 나타나기 쉽다.
   ② 수컷
      암컷에 비해 수컷은 웅성호르몬인 테스토스테론의 영향을 받기 때문에 개들 간의 공격행동이 나타나기 쉽다.
   ③ 사회화 부족
      생후 3~12주의 사회화기에 다른 개에 대해 사회화가 되어 있지 않거나 충분하지 않으면 성장 후 다른 개를 공격하기 쉽다.
   ④ 과도한 영역방위나 주인방호본능
      영역방위본능이나 주인방호본능이 강한 개는 자신의 영역이나 주인에게 접근하는 개에 대해 공격행동을 나타내기 쉽다.

2) 진단
   ① 산책 시 등 자택 이외의 장소에서 다른 개에 대해 보이는 공격을 확인하고 진단한다.
   ② 치료에는 공격의 대상이 되는 개의 특징과 공격을 시작하는 거리의 동정이 필요하다.
   ③ 공포성 공격, 포식성 공격, 놀이공격, 아픔에 의한 공격, 특발성 공격 등 다른 공격행동과의 유증감별이 필요하다.

(7) 특발성 공격행동

예측불능으로 원인을 알 수 없는 공격행동.

1) 원인

① 견종에 따른 유전적 경향
   스프링거 스파니엘, 코카 스파니엘, 세인트버나드, 도베르만, 저먼 셰퍼드 등은 특발성 공격행동을 나타내기 쉽다.
② 뇌의 기질적 질환
   종양이나 간질 등 뇌의 질환에 의해 특발성 공격행동이 나타나는 경우가 있다. 단, 기질적 질환의 존재가 확인된 경우는 특발성 공격행동이라고 부르지 않는다.

2) 진단

① 전조를 파악하기가 어렵고 각종 검사에서도 원인을 특정할 수 없는 공격행동을 확인하고 진단한다.
② 우위성 공격, 공포성 공격, 포식성 공격, 놀이공격, 아픔에 의한 공격 등 다른 공격행동과의 유증감별이 필요하다.

3 공포/불안에 관련된 문제행동

(1) 분리불안

주인의 부재 시에만 보이는 짖기, 파괴적 활동, 부적절한 배설과 같은 행동학적 불안 징후나 구토, 설사, 떨림, 지성피부염과 같은 생리학적 증상.
분리불안의 증상은 실로 다양하나 주된 것은 파괴행동, 쓸데없이 짖기, 평소에는 생각할 수 없는 곳에서의 배변 등이다. 그 밖에도 헐떡임, 떨림, 구토, 설사, 지성피부염 등이 보이는 경우도 있다.
분리불안을 보이는 개와 주인 사이에는 종종 과도한 애착관계가 보인다.

1) 원인

① 주인의 외출에 대한 순화부족
② 주인의 갑작스런 생활변화

③ 외출 시나 귀가 시의 주인의 애정표현의 과다
주인이 외출 시나 귀가 시 강한 애정표현을 보임으로써 개에게 주인이 있을 때와 없을 때의 차이를 강하게 인식시키게 되어 결과적으로 부재 시의 개의 불안을 증가시킨다.

2) 진단
① 주인이 없을 때 일어나는 찢기, 파괴, 부적절한 배설을 확인하고 진단한다.
② 주인이 집에 있을 때도 보이는 찢기, 파괴, 부적절한 배설과의 유증감별이 필요하다.

(2) 공포증
천둥이나 큰 소리와 같은 특별한 대상에 대해 일어나는 도피·불안 행동이나 떨림 등의 생리적 증상.

1) 원인
① 사회화(순화) 부족
생후 3~12주의 사회화기에 신기한 환경이나 소리에 대해 충분한 사회화가 되어 있지 않으면 성장 후 공포증을 나타내기 쉽다.
② 과거의 혐오경험
갑작스런 천둥이나 큰 소리에 대해 공포경험을 받은 경우(특히 유약기)는 공포증을 나타내기 쉽다.
③ 주인에 의한 부적절한 강화
개가 공포증의 징후를 보일 때 주인이 달래면 개의 그러한 징후가 강화되어 공포증이 악화되는 경우가 있다.

2) 진단
① 특별한 대상에 대해 일어나는 도피·불안 행동이나 떨림 등의 생리학적 증상을 확인하고 진단한다.
② 치료에는 공포를 느끼는 대상의 동정이 필요하다.
③ 관심을 구하는 행동과의 유증감별이 필요하다.

4 그 외의 문제행동

(1) 쓸데없이 짖거나 과잉 포효

불필요하게 반복되는 포효.

1) 원인

① 견종에 의한 유전적 경향
비글, 테리어, 푸들, 페키니즈, 치와와 등의 견종은 과잉 포효의 문제를 일으키기 쉽다.
② 부적절한 강화학습
개가 짖을 때마다 방에 들여놓거나 낯선 사람이 떠나가는 등 강화를 반복적으로 주면 짖는 것을 학습하게 된다.
③ 환경자극
지나가는 자전거, 차, 소동물 등을 본 것만으로 계속해서 짖는 개체도 있다.
④ 공포
⑤ 사회적 촉진
다른 개가 짖기 시작하면 그것을 따라 계속해서 짖는 경우가 있다.

2) 진단

① 주인이나 이웃 주민들이 견딜 수 없는 포효로써 진단한다.
② 치료에는 짖기 시작하는 계기(자극 ; 경계, 불안, 흥분 등을 포함)의 동정이 필요하다.
③ 분리불안, 관심을 구하는 행동 등과의 유증감별이 필요하다.

(2) 파괴행동

이갈이, 놀이, 이기(異嗜), 분리불안 등과는 무관하게 보이는 파괴행동.

1) 원인

① 품종에 따른 유전적 경향
테리어, 저먼 셰퍼드, 시베리안 허스키 등의 견종은 파괴행동을 나타내기 쉽다.
② 심심하거나(주인과의 상호관계부족) 욕구불만

2) 진단
   ① 주인이 견딜 수 없는 파괴행동으로써 진단한다.
   ② 분리불안, 놀이행동, 관심을 요하는 행동, 이갈이, 이기 등과의 유증감별이 필요하다.

(3) 부적절한 배설

부적절한 장소에서의 배설.

1) 원인
   ① 의학적 질환
   비뇨기질환이나 소화기질환에 의해 부적절한 배설이 일어나는 경우가 있다. 배설빈도가 증가하거나 배설행동을 스스로 컨트롤하지 못하는 경우는 실금이라는 형태로 부적절한 배설이 일어난다.
   ② 마킹
   수컷뿐 아니라, 암컷에서도 마킹을 위한 부적절한 배설이 일어나는 경우가 있다.
   ③ 화장실 교육 부족이나 그 장애
   ④ 복종배뇨
   특히 약령동물에서는 복종을 보이기 위해 또는 흥분해서 실금하는 경우가 있다.

2) 진단
   ① 부적절한 장소에서의 배설을 확인하고 진단한다.
   ② 치료에는 원인의 특정이 필요하다. 예를 들어, 개를 작은 방이나 서클에 격리하여 거기서의 배설행동으로 추정할 수 있다.
   ③ 분리불안, 관심을 구하는 행동, 고령성 인지장애 등과의 유증감별이 필요하다.

(4) 관심을 구하는 행동

주인의 관심을 끌려는 행동. 실제로는 상동적인 행동, 환각적인 행동, 의학적 질환의 징후 등이 보인다.

1) 원인
   ① 주인의 애정과다
   주인이 항상 동물을 보살피는 경우 그러한 상황이 없어지면 행동이 보이게 된다.

② 주인의 관심부족

반대로 주인이 동물에게 전혀 신경을 쓰지 않아도 관심을 요하는 행동이 보이게 된다.

③ 주인의 애정을 둘러싼 다른 동물과의 경합

복수의 동물이 사육되는 경우나 작은 새끼가 있는 경우는 주인의 애정을 독점하려고 관심을 요하는 행동이 나타나기도 한다.

④ 과거의 의학적 질환

과거에 어떠한 의학적 질환을 경험하고 그때 주인의 애정을 독점한 적이 있는 경우 주인의 관심을 얻으려고 당시와 같은 증상을 보이는 경우가 있다.

2) 진단

① 상동적인 행동, 환각적인 행동, 의학적 질환의 징후 등을 확인하고 문제가 되는 행동의 전후의 상황을 상세히 검토하여 진단한다.

② 관심을 구하는 행동으로서 진단하는 경우는 이하의 2조건을 만족해야 한다.
  · 개만 놓아둔 경우 문제행동이 보이지 않는다. (주위에 사람이 없고 비디오 등으로 개만 있는 모습을 촬영하여 판단하면 좋다).
  · 주인이 관심을 줌으로써 문제행동이 나타날 가능성이 증가한다.

③ 의학적 질환, 상동장애, 지성피부염(육아종) 등과의 유증감별이 필요하다.

(5) 상동장애

꼬리 쫓기, 꼬리 물기, 그림자 쫓기, 등불 쫓기, 실제로는 존재하지 않는 파리 쫓기, 공기 물기, 과도한 핥기 등 이상빈도나 지속적으로 반복하여 일어나는 협박적 또는 환각적 행동.

1) 원인

① 심심함, 주인과의 상호관계 부족

② 스트레스, 갈등, 지속적 불안

③ 학습

우발적인 상동행동을 취했을 때 신경전달물질인 엔도르핀이 방출되어 그것에 의해 강화가 일어나면 그 행동을 반복하게 되는 경우가 있다.

④ 세균감염에 의한 잠재적 소양감
   피부에 특별한 징후가 보이지 않아도 잠재적 소양감 때문에 지성피부염이 일어나는 경우가 있다.

2) 진단

① 극단적인 반복행동이나 환각적 행동을 확인하고 문제가 되는 행동의 전후 상황을 상세히 검토하여 진단한다.
② 의학적 질환(특히 피부질환이나 중추신경질환), 관심을 구하는 행동 등과의 유증감별이 필요하다.

(6) 고령성 인지장애

밤중에 일어난다, 공중을 바라본다, 집안이나 마당을 떠돈다, 화장실 교육을 잊어버린다, 등 교령에 의해 일어나는 인지장애. 관절염, 시각장애, 청각장애, 체력저하, 반응지연 등과 같은 생리학적 변화를 동반하는 경우도 있다.

1) 원인

① 개의 고령화
   최근의 동물의료의 발달에 따라 개의 수명이 점차 늘어나 고령으로 인한 문제행동이 나타나고 있다.

2) 진단

① 주인이 견딜 수 없는 고령성 행동변화로써 진단한다.
② 의학적 질환에 의한 행동변화와의 유증감별이 필요하다. 특히 감각기질환(백내장이나 고령성 난청 등)은 쉽게 행동을 변화시키기 때문에 주의해야 한다.

12장 단원정리문제

개의 문제행동

01 다음 상황에서 보이는 공격행동의 명칭으로 옳은 것을 고르시오.

> • 개가 먹이나 장난감을 소중하게 지키고 있는데 그것을 가져가려고 한 경우
> • 소파나 침대 등 좋아하는 곳에서 자고 있거나 쉬고 있는 것을 방해한 경우
> • 자신의 주인(리더)이라고 생각하는 사람에게 다른 가족이 접근하거나 만지는 경우
> • 개가 자신의 순위를 위협받았다고 느낀 경우

① 영역성 공격행동   ② 공포성 공격행동
③ 포식성 공격행동   ④ 우위성 공격행동

해설 우위성 공격행동은 개가 인식하고 있는 자신의 사회적 순위가 위협받을 때 일어난다, 또는 그 순위를 과시하기 위해 보이는(주인의 가족을 무리 'pack'으로 인식하여 그 안에서의 순위를 높이려고 하는) 공격행동. 이러한 종류의 공격행동은 사람이 개의 행동을 컨트롤하려는 상황에서 일어나는 경우가 많다. 위와같은 경우가 그 예에 속한다.

02 다음 중 공포성 공격행동의 원인으로 알맞지 않은 것은?

① 과도한 공포나 불안
② 사회화 부족
③ 과거의 혐오경험
④ 선천적 기질
⑤ 견종에 다른 유전적 경향

해설 공포성 공격행동은 공포나 불안의 행동학적·생리학적 징후가 동반되어 일어나는 공격행동을 말한다. 공포성 공격행동에는 ①, ②, ③, ④번의 4가지 원인을 들 수 있다. 유전적 경향은 해당하지 않는다.

정답 1 ④ 2 ⑤

03 다음 동종간 공격행동(가정 내)의 설명 중 옳지 않은 것은?

① 가정 안에서 서로의 우열관계에 대한 인식 결여 또는 부족에 의해 일어나는 개들 간의 공격행동.
② 가정 내 동종간 공격행동의 원인은 개들 간의 우열순위의 불안정 또는 결여이다.
③ 주인의 마음에 따라 개들 간에 우열순위를 정해주어야 한다.
④ 테리어, 차우차우, 시베리안 허스키, 미니추어 슈나우저, 저먼 셰퍼드 등의 견종은 개들 간의 공격행동이 나타나기 쉽다.

해설 동종간 공격행동(가정 내)의 원인으로는 개의 우위 순위에 대한 주인의 부적절한 간섭을 들 수 있다. 개들 간에는 확고한 우열순위가 존재함에도 불구하고 주인의 마음에 따라 순위를 역전하는 간섭을 하면 개들 간의 공격행동이 나타나기 쉽다.

04 다음 진단방법을 읽고, 이에 해당하는 문제행동을 고르시오.

① 주인이 없을 때 일어나는 찢기, 파괴, 부적절한 배설을 확인하고 진단한다.
② 주인이 집에 있을 때도 보이는 찢기, 파괴, 부적절한 배설과의 유증감별이 필요하다.

① 분리불안　　　　　　② 공포증
③ 부적절한 배설　　　　④ 파괴행동

해설 분리불안은 주인의 부재 시에만 보이는 짖기, 파괴적 활동, 부적절한 배설과 같은 행동학적 불안징후나 구토, 설사, 떨림, 지성피부염과 같은 생리학적 증상이다. 분리불안의 진단방법은 주인이 집에 있을 때와 없을 때를 모두 관찰해 비교해보는 것이다.

05 다음 중 상동장애의 설명으로 옳은 것을 고르시오.

① 천둥이나 큰 소리와 같은 특별한 대상에 대해 일어나는 도피·불안 행동이나 떨림 등의 생리적 증상.
② 불필요하게 반복되는 포효.
③ 이갈이, 놀이, 이기(異嗜), 분리불안 등과는 무관하게 보이는 파괴행동.
④ 꼬리 쫓기, 꼬리 물기, 그림자 쫓기, 등불 쫓기, 실제로는 존재하지 않는 파리 쫓기, 공기 물기, 과도한 핥기 등 이상빈도나 지속적으로 반복하여 일어나는 협박적 또는 환각적 행동.

정답　3 ③　4 ①　5 ④

해설 상동행동은 꼬리 쫓기, 꼬리 물기, 그림자 쫓기, 등불 쫓기, 실제로는 존재하지 않는 파리 쫓기, 공기 물기, 과도한 핥기 등 이상빈도나 지속적으로 반복하여 일어나는 협박적 또는 환각적 행동을 말한다.

제13장 고양이의 문제행동

1 서론

고양이의 문제행동에는 다양한 종류가 존재한다. 본장에서는 그 중에서도 자주 보이는 개의 문제행동에 대해 설명한다. 가벼운 문제행동에 대해서는 동물간호사가 상담할 수도 있지만 증례에 따라서는 문제행동이 악화될 가능성이 있으므로 문제행동의 진단과 치료에 대해서는 전문지식을 가진 수의사에게 맡겨야 한다.

2 부적절한 배설

(1) 스프레이행동

부적절한 장소에서의 스프레이(오줌에 의한 냄새마킹)행동.

1) 원인
① 세력권에 관한 불안이나 사회적 불안
② 정서적 불안
　바깥고양이를 집고양이로 만들기 위해 실내에 가두거나 주인의 장기부재 등에 의해 정서적으로 불안을 느끼면 스프레이행동이 증가하는 경우가 있다.
③ 다른 고양이에 의한 도발적 자극
　번식기의 암컷고양이가 존재하거나 창문에서 바깥고양이가 보이는 경우 스프레이행동이 증가할 수 있다.

2) 진단
① 부적절한 장소에서의 스프레이행동을 확인하고 진단한다.

② 치료에는 원인의 동정이 필요하다.
③ 스프레이행동과 그 이외의 부적절한 배설문제는 원인도 치료방법도 다르므로 확실한 유증감별이 필요하다.

(2) 부적절한 배설

부적절한 장소에서의 배설.

1) 원인

① 의학적 질환
비뇨기질환이나 소화기질환에 의해 부적절한 배설이 일어나는 경우가 있다. 주요 질환으로는 FLUTD(Feline lower urinary tract disease ; 고양이 하부요로질환), 방광염, 요도장애, 요석증, 다뇨증(신장질환, 당뇨병을 포함), 빈뇨증, 갑상선기능항진증, 항문낭염, 장염, 변비 등이 있다.
② 화장실에 대한 불만
③ 불안을 느끼는 상황
다른 동물과 함께 키우고 있거나 바깥의 고양이가 창문에서 보이거나 하면 불안을 느껴 부적절한 배설행동이 나타나는 경우가 있다.

2) 진단

① 고양이용 화장실 이외의 장소에서의 배설을 확인하고 진단한다.
② 치료에는 원인의 특정이 필요하다.
③ 스프레이행동과의 유증감별이 필요하다(스프레이행동의 항 참조).

〈스프레이행동과 부적절한 배설의 차이점〉

특징	스프레이행동	부적절한 배설
자세	일반적으로 서서 한다 (앉아서 하는 경우도 있다)	앉아서 한다.
배설량	적다	많다
화장실의 사용	일반적인 배설 시에 사용	일반적으로 사용하지 않는다
대상 장소	일반적으로 수직면, 정해진 장소 (수평면인 경우도 있다)	좋아하는 장소(소재면)
소변행동	일반적으로 화장실을 사용	일반적으로 부적절한 장소에서 한다.

3 공격행동

(1) 우위성 공격행동

고양이가 인식하고 있는 자신의 사회적 순위가 위협받을 때 일어나는 공격행동.

1) 원인
① 고양이에 대한 주인의 복종경향 : 주인이 고양이에게 복종하는 태도를 계속해서 보이면 우위성 공격행동이 나타나기 쉽다.

2) 진단
① 주인이 고양이가 놓여 있는 상황을 컨트롤하려고 할 때 일어나는 공격을 확인하고 진단한다.
② 영역성 공격, 공포성 공격, 전가성 공격, 포식성 공격 등 다른 공격행동과의 유증감별이 필요하다.

(2) 영역성 공격행동

고양이가 자신의 세력권으로 인식하고 있는 장소에 접근하는 (위협이나 위해를 주는 의지가 없는) 개체에 대해 보이는 공격행동.

1) 원인
① 영역방위본능
바깥에서 생활하던 고양이가 집안에 들어오는 경우나 집안에 여러 마리의 고양이가 있는 경우는 영역성 공격행동이 나타나기 쉽다.
② 새로운 고양이의 참가
새로운 고양이가 들어오면 영역성 공격행동이 나타나는 경우가 있다.
③ 수컷
암컷에 비해, 수컷은 웅성호르몬인 테스토스테론의 영향을 받기 때문에 영역성 공격행동이 나타나기 쉽다.

2) 진단
① 영역을 침범하는 고양이에 대한 공격을 확인하고 진단한다.

② 치료에는 원인의 동정이 필요하다.
③ 우위성 공격, 공포성 공격, 전가성 공격, 포식성 공격 등 다른 공격행동과의 유증감별이 필요하다.

(3) 공격성 공격행동

공포나 불안의 행동학적·생리학적 징후가 동반되어 일어나는 공격행동.

1) 원인

① 과도한 공포나 불안
고양이가 공포나 불안을 강하게 느끼면 본능적으로 공격행동을 보인다.
② 생득적 기질
천성적으로 공포나 불안을 느끼기 쉬운 개체가 존재한다.
③ 사회화 부족
생후 2~9주의 사회화기에 충분한 경험을 하지 않은 경우는 성장 후 신기한 환경이나 대상물에 대해 과도한 공포나 불안을 느끼게 된다.
④ 과거의 혐오경험

2) 진단

① 공포나 불안의 행동학적·생리학적 징후를 동반하는 공격을 확인하고 진단한다.
② 치료에는 공격을 일으키는 계기(자극)의 동정이 필요하다.
③ 우위성 공격, 공포성 공격, 전가성 공격, 포식성 공격 등 다른 공격행동과의 유증감별이 필요하다.

(4) 전가성 공격행동

어떠한 원인에 의해 고양이의 각성도가 높아져 있는(흥분해 있는) 상황에 이어서 일어나는 공격행동. 고양이에게 접근함으로써 공격을 유발한 대상이 아닌, 죄 없는 대상에게 공격을 가하는 것을 말한다.

1) 원인

① 각성도의 상승·흥분
다른 고양이와 마주쳐서 흥분하게 되면 전가성 공격행동이 일어나는 경우가 있다.

② 흥분시의 접촉

흥분해 있을 때 쓰다듬으려고 하면 그것이 자극이 되어 가성 공격행동이 일어나는 경우가 있다.

2) 진단

① 고양이의 각성도가 높아져 있는(흥분해 있는) 상황에 이어서 일어나는 공격행동을 확인하고 진단한다.
② 우위성 공격, 공포성 공격, 영역성 공격, 포식성 공격 등 다른 공격행동과의 유증감별이 필요하다.

(5) 애무유발성 공격행동

사람이 쓰다듬을 때 유발되는 공격행동.

고양이가 쓰다듬어 달라는 표정으로 무릎 위에 와 앉았는데도 쓰다듬어 주면 갑자기 물어버리는 경우가 있다. 수컷에서 많이 볼 수 있는 이 애무유발성 공격행동의 진짜 원인은 아직 밝혀지지 않았다.

1) 원인

① 원인계를 넘으면 갑자기 공격적이 되는 경우가 있다.

2) 진단

① 사람이 쓰다듬을 때 유발되는 공격을 확인하고 진단한다.
② 우위성 공격, 공포성 공격, 포식성 공격, 놀이공격, 특발성 공격 등 다른 공격행동과의 유증감별이 필요하다.

(6) 놀이공격행동

놀이를 할 때나 전후에 보이는 공격행동.

1) 원인

① 놀이행동의 연장 · 격화
놀이행동이 길어져 흥분하면 서서히 공격행동이 나타나기 쉽다.
② 놀이시간의 부족
놀이시간이 부족하면 놀이 시 흥분하기 쉬워진다.

③ 생득적 기질

천성적으로 놀기 좋아하고 흥분하기 쉬운 개체가 존재한다.

2) 진단

① 놀이를 할 때나 전후에 보이는 공격행동을 확인하고 진단한다.
② 전가성 공격, 포식성 공격 등 다른 공격행동과의 유증감별이 필요하다.

4 그 외의 문제행동

(1) 부적절한 발톱갈기 행동

부적절한 대상물에서의 발톱갈기 행동.

1) 원인

① 세력권의 마킹

마킹을 갱신하기 위해 다양한 장소에서 자주 발톱갈기 행동을 하는 개체가 있다.

② 오래된 발톱의 제거

오래된 발톱을 제거하기 위해 다양한 장소에서 발톱갈기 행동을 하는 개체가 있다.

③ 수면 후의 스트레치

수면 후의 스트레치를 하기 위해 다양한 장소에서 발톱갈기 행동을 하는 개체가 있다.

④ 소재의 선호성

준비되어 있는 발톱갈기 장소나 소재에 불만이 있어 부적절한 장소에서 발톱갈기 행동을 하는 개체가 있다.

⑤ 구속에서 해방욕구

좁은 장소에서 해방해주기 바라여 문 등에서 발톱갈기 행동을 하는 경우가 있다.

2) 진단

① 주인이 곤란한 대상물(기둥, 가구 등)에 대한 발톱갈기 행동을 확인하고 진단한다.

13장 단원정리문제

고양이의 문제행동

01 다음 표는 스프레이행동과 부적절한 배설의 차이점의 내용이다. 잘못된 것을 고르시오.

	특징	스프레이행동	부적절한 배설
①	자세	일반적으로 서서 한다 (앉아서 하는 경우도 있다)	앉아서 한다.
②	배설량	적다	많다
③	화장실의 사용	일반적인 배설 시에 사용	일반적으로 사용하지 않는다.
④	대상 장소	일반적인 배설 시에 사용	일반적으로 수직면, 정해진 장소 (수평면인 경우도 있다)

> **해설** 스프레이행동을 보이는 장소는 일반적 수직면, 정해진 장소이고, 부적절한 배설을 보이는 장소는 좋아하는 장소이다.

02 다음 중 영역성 공격행동의 진단으로 옳지 않은 것은?

① 영역을 침범하는 고양이에 대한 공격을 확인하고 진단한다.
② 치료에는 원인의 동정이 필요하다.
③ 우위성 공격, 공포성 공격, 전가성 공격, 포식성 공격 등 다른 공격행동과의 유증감별이 필요하다.
④ 고양이의 각성도가 높아져 있는(흥분해 있는) 상황에 이어서 일어나는 공격행동을 확인하고 진단한다.

> **해설** 영역성 공격행동은 고양이가 자신의 세력권으로 인식하고 있는 장소에 접근하는 (위협이나 위해를 주는 의지가 없는) 개체에 대해 보이는 공격행동을 말한다. ①, ②, ③번은 영역성 공격행동의 진단 내용이고, ④번은 전가성 공격행동의 진단내용이다.

03 다음과 같은 내용의 공격행동을 고르시오.

> 고양이가 쓰다듬어 달라는 표정으로 무릎 위에 와 앉았는데도 쓰다듬어 주면 갑자기 물어버리는 경우가 있다. 수컷에서 많이 볼 수 있는 이 애무유발성 공격행동의 진짜 원인은 아직 밝혀지지 않았다.

① 공포성 공격행동
② 애무유발성 공격행동
③ 전가성 공격행동
④ 우위성 공격행동

> **해설** 애무유발성 공격행동은 사람이 쓰다듬을 때 유발되는 공격행동이다. 고양이가 쓰다듬어 달라는 표정으로 무릎 위에 와 앉았는데도 쓰다듬어 주면 갑자기 물어버리는 경우가 있다. 수컷에서 많이 볼 수 있는 이 애무유발성 공격행동의 진짜 원인은 아직 밝혀지지 않았다.

04 다음 놀이공격행동의 원인으로 옳지 않은 것은?

① 세력권에 관한 불안이나 사회적 불안
② 놀이행동의 연장·격화
③ 놀이시간의 부족
④ 생득적 기질

> **해설** 놀이공격행동은 놀이를 할 때나 전후에 보이는 공격행동이다. 강아지풀과 같은 고양이의 놀이 중에는 수렵본능을 불러일으키는 것이 적지 않다. 특히 새끼고양이의 경우는 이러한 놀이에 열중해 있는 동안 흥분하여 공격적으로 행동하는 경우가 자주 있다. 이와 같은 상황을 허용하고 오랫동안 계속하면, 흥분하면 곧바로 공격적이 되어버리므로 주의해야 한다. ①번은 부적절한 배설의 원인이다.

 정답 1 ④ 2 ④ 3 ② 4 ①

05 다음 중 부적절한 발톱갈기 행동의 원인이 아닌 것은?

① 세력권의 마킹
② 오래된 발톱의 제거
③ 수면 전의 스트레치
④ 소재의 선호성

해설
① 세력권의 마킹은 마킹을 갱신하기 위해 다양한 장소에서 자주 발톱갈기 행동을 하는 개체가 있다.
② 오래된 발톱을 제거하기 위해 다양한 장소에서 발톱갈기 행동을 하는 개체가 있다.
③ 수면 후의 스트레치를 하기 위해 다양한 장소에서 발톱갈기 행동을 하는 개체가 있다.
④ 소재의 선호성은 준비되어 있는 발톱갈기 장소나 소재에 불만이 있어 부적절한 장소에서 발톱갈기 행동을 하는 것을 말한다. 그 외에 구속에서 해방욕구 즉, 좁은 장소에서 해방해 주기 바라여 문 등에서 발톱갈기 행동을 하는 경우가 있다.

정답 5 ③

제14장 문제행동의 치료

1 서론

행동치료방법으로는 행동수정법, 약물요법, 의학적 요법이 있다. 기본적으로 문제행동의 진단 및 수정은 동물행동상담사와 동물행동 전문 수의사가 수행하는데, 약물요법과 의학적 요법은 동물행동 전문 수의사만 수행할 수 있다.

2 행동수정법

① 부적절한 동물의 행동을 바람직한 행동으로 변화시키는 수법이다.
② 동물의 학습 원리에 기초하여 고안되어 있으며 행동치료의 중심이 된다.
③ 실제로는 주인이 실시하게 되므로 그 효과는 주인의 이해력과 실천력에 달려 있다.
④ 동물행동상담사는 주인의 의지를 적절히 평가하면서 수정 사항에 대한 지시를 주고 수행이 잘 이루어지도록 격려를 해야 한다.

(1) 홍수법 (범람법)

1) 방법

동물이 반응을 일으키기에 충분한 강도의 자극을 동물이 그 반응을 일어나지 않게 될 때까지 반복하여 주는 행동수정법.

① 차를 타면 토하거나 계속 짖어대는 개에 대해 무슨 일이 있든 최종적으로 어떠한 반응도 보이지 않을 때까지 계속해서 몇 번이고 차에 태우는 것을 말한다.

2) 대상 및 기대효과

어린 동물의 경우나 공포의 정도가 약한 경우에 효과적이다.

3) 주의점

해당 반응이 줄어들기 전에 자극에의 노출을 중지하거나 동물이 회피행동에 의해 자극에서 벗어나는 것을 학습해버리면 효과가 없을 뿐 아니라, 문제행동을 악화시킬 우려가 있다.

(2) 계통적 탈감작

1) 방법

처음에는 동물이 반응을 일으키지 않을 정도의 약한 자극을 반복하여 주어 반응하지 않는다는 것을 확인하면서 단계적으로 자극의 정도를 높여가서 반응을 일으켰던 정도까지 자극을 높여도 반응이 일어나지 않도록 서서히 길들여가는 행동수정법.

① 위와 같은 예(차에 익숙하지 않은 개)의 경우, 치료시작 시점에서는 우선 시동을 걸지 않은 차에 개를 태운다.
② 이것을 몇 번 반복하여 개가 부적절한 반응을 보이지 않는 것을 확인한 다음, 다음 단계로 진행한다.
③ 이번에는 개를 차에 태우고 시동을 걸어본다.
④ 이것을 반복하여 부적절한 반응이 보이지 않는 것을 확인한 뒤 다음 단계로 진행한다.
⑤ 다음은 집 주변을 한 바퀴 드라이브하여 순화하고, 점차 드라이브 거리를 늘려간다.

2) 대상 및 기대효과

성숙한 동물에게 효과적이다.

3) 주의점

① 행동수정 기간을 단축하려고 전 단계의 순화가 충분하지 않은데 다음 단계로 진행해서는 안 된다
② 급한 마음에 행동수정을 진행하여 동물이 완전히 부적절한 반응을 보이게 되면 다시 처음 단계로 되돌아가야 한다.

③ 동물이 조금이라도 부적절한 반응의 징후가 보이면 반드시 전 단계로 되돌아가 충분한 순화를 시켜야 한다.

(3) 길항조건부여(역조건부여)

1) 방법

자극에 대해 일어나는 바람직하지 않은 반응과는 양립하지 않는 반응을 하도록 조건화하는 행동수정법을 말한다.

2) 대상 및 기대효과

① 순화의 항의 계통적 탈감작과 함께 특정 대상에 두려움을 보이는 동물의 행동수정에 이용되는 경우가 많다.
② 계통적 탈감작과 조합한 예에서는 빈 집을 지키게 하면 파괴행동이나 부적절한 장소에 배설을 하는 개에 대한 치료법을 들 수 있다.
③ 개는 빈 집을 지키게 하면 불안해지거나 혐오적인 감정이 발생하는 것인데 계통적 탈삼삭을 적용함으로써(서서히 집을 지키는 시간을 늘려간다) 이 혐오반응을 억제함과 함께, 길항조건부여를 적용하여(예를 들어 집을 지킬 때마다 좋아하는 간식을 준다) 집을 지키는 것에 대해 기쁜 감정이 생겨나도록 하는 것이다.
④ 행동수정법은 즉효적이지 않지만 계속하여 실시함으로써 서서히 효과가 보이는 것이다.
⑤ 필요한 것은 주인을 격려하면서 인내를 가지고 치료를 계속하도록 하는 것이다.
⑥ 동물행동상담사는 이러한 상황을 이해하고 계속해서 격려하지 않으면 안 된다.

(4) 처벌

종류	내용
직접처벌	동물에게 직접적으로 가하는 처벌 - 공격성을 악화시킬 가능성이 있으므로 물릴 염려가 없는 동물에게만 적용 - 공포에 의한 문제행동이 더 악화될 가능성이 있다
	ex) '말로 혼낸다. 때린다. 동물의 목덜미를 잡는다.' 등
원격처벌	동물이 처벌을 주는 인간을 인식하지 못하도록 원격조작에 의해 주는 처벌 - 동물이 피할 수 있다. - 동기부여가 강한 경우에는 그다지 유용하지 않다. - 일부러 문제행동을 일으키도록 하여 그때마다 처벌을 주도록 하면 좋다.
	ex) '짖음방지목걸이, 물대포, 전기사이렌, 뛰어오름 방지장치' 등
사회처벌	인간과의 상호관계를 단절함으로써 주는 처벌 - 인간과의 사회적 관계가 강력히 요구되는 개에게 유용 - 과도한 애착을 가진 주인에게는 실행이 어려운 수법
	ex) 무시, 타임아웃(개가 바람직하지 않은 행동을 보인 직후에 어둡고 좁은 방에 가두어 개가 짖는 동안에는 풀어주지 않는다) 등

(5) 행동수정법의 기초가 되는 트레이닝

- 일반적인 개의 주인의 대부분은 동물을 키우기 시작했을 때 처음에는 복종훈련이나 재주를 가리키는데 열심이지만 개가 커질수록 열정도 식고 단지 일상의 보살핌이나 생활로 바뀌기 쉽다.
- 문제를 안고 있는 주인은 이러한 경향이 특히 강하여 개와의 관계가 틀어져 버리는 경우가 많다.

기초프로그램이라 불리는 트레이닝
① 간단한 명령과 개가 좋아하는 간식(보수)을 이용하여 주인과 개의 관계를 재구축하려는 것

② 거의 모든 문제행동에 대한 치료 시 적용
③ 동물행동상담사가 관여할 정도로 중독한 문제행동이 아닌 경우(예절부족 등)에도 유용한 방법

(6) 행동수정법을 도와주는 도구

1) 헤드 홀터
   ① 특수한 목걸이로 목줄(리드)을 당기면 뒤통수와 코에 압력이 가해지는 구조이다.
   ② 후두부는 개의 선조인 늑대에서 어미가 새끼를 물면 얌전해지는 부위이고, 입 주변은 잘못된 행동을 한 새기를 어미가 타이를 때 무는 부위이다.
   ③ 헤드 홀더는 늑대의 행동학적 연구에서 얻어진 성과를 활용하여 개발된 것이다.
   ④ 우위성 공격행동이나 낯선 개에 대한 공격행동에 유용하다.

2) 입마개
   ① 개의 입부분을 완전히 덮어버리는 망이다.
   ② 보정 시 사용되는 입마개와 달리, 입 꼬리 부분을 조이지 않으므로 착용한 채 간식 등의 보수를 이용한 트레이닝을 하는 것도 가능하다.
   ③ 지금까지 한 번이라도 교상사고를 일으킨 적이 있는 개에게는 적용을 고려해야 한다.

3) 짖음방지목걸이
   ① 개가 짖음과 동시에 소리나 진동을 감지하여 처벌을 주는 목걸이이다.
   ② 처벌로서는 전기쇼크 또는 개가 불쾌하게 느끼는 냄새(감귤계나 겨자 등)가 목걸이에 장착된 장치에서 분사된다.
   ③ 기존에는 전기쇼크가 일반적이었으나 지금은 동물복지 면에서 스프레이형(citronella collar)이 권장되고 있다.
   ④ 쓸데없이 짖을 때 유용한 경우가 많으나 단순한 대증요법인 이상, 점차 자극에 대해 순화되는 경우도 있으므로 짖는 원인을 특정하여 동기부여를 감소하는 행동수정법을 병용해야 한다.

4) 먹이를 넣는 타월이나 특별한 장난감

① 분리불안의 치료 시 사용된다.
② 분리불안의 증상은 주인이 외출 후 30분 이내에 발현되는 경우가 많으므로 이 시간대에 개가 주인의 외출을 잊어버리고 놀 수 있는 장난감이 유용하다.
③ 타월의 이음매에 좋아하는 간식을 숨겨놓거나 땅콩버터를 바른 장난감, 둥글리면 조금씩 간식이 나오는 장난감 등이 좋다.

5) 뛰어내림 방지장치

① 소파나 침대 위에 놓고 개나 고양이가 그 위에 올라오면 큰 소리가 나는 장치.
② 우위성 공격행동의 치료에서 개나 고양이에게 소파나 침대 위에 올라가는 것을 금지할 경우에도 이용된다.

6) 쥐잡이, 물대포, 전기사이렌, 동전을 넣는 깡통 등

① 모두 원격처벌로 이용되는 도구이다.
② 개나 고양이가 주인이 처벌하는 것이 아니라, 천벌을 받은 것으로 생각하도록 한다.

7) 페로몬양 물질방산제

① 페리웨이®는 고양이의 오줌분사행동에 대해 유용한 분무제로 고양이의 불안을 없애는 페로몬효과에 의해 분사행동이 감소된다.
② DAP®는 개의 불안을 경감한다. 모두 콘센트 접속형 분무기에 장착하여 사용한다.

8) 기피제

① 개나 고양이가 불쾌하게 느끼는 냄새나 맛이 나는 분무제나 크림 등으로 특히 파괴행동에 대해 적용한다.
② 전용의 것이 아니라도 식초나 타바스코, 인간용 구취예방제 등을 이용하는 것도 가능하다.

3 약물요법

약물요법은 반드시 동물행동 전문 수의사에 의해 수행되어야 한다.

- 약제나 호르몬제를 사용하여 문제행동을 해결해가는 방법이다.
- 약제투여만으로 문제행동이 완전히 해소되는 일은 없으며 거의 모든 증례에서 약물요법은 행동수정법을 보조하는 형태로 이용된다.

4 의학적 요법

의학적 요법은 반드시 동물행동 전문 수의사에 의해 수행되어야 한다.

- 문제행동치료 시에는 의학적 요법이 고려되는 경우도 많으며 그 중심은 수컷의 거세이다.
- 의학적 요법 중 거세·피임 이외의 것은 대증요법에 지나지 않으며 통상은 행동수정법의 보조로서 이용된다.

   1) 거세
      ① 웅성호르몬인 테스토스테론이 원인이 되는 문제행동 중 어떤 것들은 거세에 의해 개선되는 경우가 있다.
      ② 개에서는 마킹, 마운팅, 방랑벽, 함께 사는 개에 대한 공격, 주인에 대한 공격에 대해 일정 효과가 기대 된다.
      ③ 고양이에 대해서는 방랑벽, 고양이 간의 싸움, 오줌분사에 대해 상당히 효과적이라는 것이 확인되었다.

   2) 피임
      ① 고양이의 고도한 발정행동에 대한 치료 이외의 목적으로 피임이 문제행동의 치료에 이용되는 경우는 거의 없다.
      ② 최근에 실시된 조사에서 공격행동을 보이는 암캐를 피임함에 따라 공격성이 더 악화될 가능성이 보고되었다.
      ③ 문제행동을 가지고 있는 개의 피임에는 신중을 기해야 한다.

3) 송곳니절단술

① 대형견은 살상능력이 높기 때문에 과거에 교상사고를 일으킨 경력이 있는 개에 대해서는 송곳니를 절단하는 수술이 필요한 경우가 있다.

4) 성대제거

① 쓸데없이 격렬히 짖어서 인근 주민들의 불만이 끊이지 않는 경우에 적용되는 일이 많다.
② 성대를 제거해도 짖는 행동이 사라지지 않는다는 점, 성대는 재생할 가능성이 있다는 점도 주인에게 충분히 설명해두어야 한다.
③ 동물복지 차원에서도 쓸데없이 짖는 것에 대한 치료에 관해서는 문제가 있는 개의 짖는 원인을 찾아내 그 동기를 줄이는 행동수정법의 적용을 첫 번째 선택지로 해야 한다. 동물복지적으로 문제가 되는 수술이니 시행을 가능한 하지 않아야 한다.

5) 앞발톱제거술

① 고양이의 공격행동이나 부적절한 발톱갈기 행동에 적용된다.
② 이들 수술에 의해서도 문제가 있는 고양이의 동기는 경감되지 않으므로 인간 측의 피해가 주는 경우는 있어도 문제행동이 억지되는 일은 없다.
③ 동물복지 차원에서도 행동수정법이 우선되어야 하며 경우에 따라서는 발톱 커버의 적용을 해야 한다. 동물복지적으로 문제가 되는 수술이니 시행을 가능한 하지 않아야 한다.

14장 단원정리문제

문제행동의 치료

01 다음 중 행동수정법의 설명으로 옳지 않은 것은?

① 부적절한 동물의 행동을 바람직한 행동으로 변화시키는 수법이다.
② 학습 원리에 기초하여 고안되었다.
③ 주인의 이해력과 실천력에 달려 있다
④ 동물행동상담사는 주인과 같이 행동수정을 위한 방법을 고안하고 직접 참여한다.

해설 동물행동상담사는 직접참여하지 않고, 주인의 의지를 적절히 평가하면서 지시를 주는 역할을 한다.

02 다음 행동수정법의 종류 중 설명이 다른 하나는?

① 홍수법 – 어린 동물의 경우나 공포의 정도 약한 경우 효과적이다
② 계통적 탈감좌 – 자극을 높여도 반응이 일어나지 않도록 서서히 길들이는 방법이다
③ 길항조건부여 – 혐오반응을 억제시킴으로써, 즉각적인 효과를 볼 수 있는 방법이다.
④ 처벌 – 동물에게 직접가하거나, 인간과의 상호관계를 단절하는 방법이다.

해설 길항조건부여는 즉각적인 효과를 기대할 수 없다.

03 다음은 행동수정법 중 처벌방법에 관한 설명 맞는 것은?

- 동물이 피할 수 있다
- 동기부여가 강한 경우에는 그다지 유용하지 않다
- 일부러 문제행동을 일으키도록 하여 그때마다 처벌을 주도록 하면 좋다.

① 직접처벌　　　② 간접처벌　　　③ 원격처벌　　　④ 사회처벌

정답　1 ④　2 ②

해설 ▪ 원격처벌
동물이 처벌을 주는 인간을 인식하지 못하도록 원격조작에 의해 주는 처벌
- 동물이 피할 수 있다
- 동기부여가 강한 경우에는 그다지 유용하지 않다
- 일부러 문제행동을 일으키도록 하여 그때마다 처벌을 주도록 하면 좋다.
ex) 짖음방지목걸이, 물대포, 전기사이렌, 뛰어오름 방지장치 등

04 행동수정을 도와주는 도구로 설명이 바르지 않은 것은?

① 헤드홀더 – 우위성 공격행동이나 낯선 개에 대한 공격행동에 유용하다.
② 입마개 – 분리불안의 치료 시 사용된다.
③ 짖음방지목걸이 – 불쾌하게 느끼는 냄새가 목걸이에 장착된 장치에서 분사된다.
④ 쥐잡이, 물대포, 전기사이렌, 동전을 넣는 깡통 등 – 모두 원격처벌로 이용되는 도구이다.

해설 ▪ 짖음방지목걸이
개의 입부분을 완전히 덮어버리는 망이다. 보정 시 사용되는 입마개와 달리, 입 꼬리 부분을 조이지 않으므로 착용한 채 간식 등의 보수를 이용한 트레이닝을 하는 것도 가능하다. 지금까지 한 번이라도 교상사고를 일으킨 적이 있는 개에게는 적용을 고려해야 한다.

05 동물행동수정법 중 의학적 요법에 해당하는 것은?

① 약제나 호르몬제 사용
② 기피제 사용
③ 피임
④ 페로몬양 물질 방산제

해설 의학적 요법 중 거세·피임, 송곳니절단술, 성대제거, 앞발톱제거 이외의 것은 대증요법에 지나지 않으며 통상은 행동수정법의 보조로서 이용된다.

정답 3③ 4② 5③

제15장 문제행동의 예방

1 문제행동의 예방

(1) 서론

① 동물의 문제행동은 다양하며 각각의 문제에 대한 특정 예방방법이 존재하는 경우도 있다.
② 처음 사육을 하는 불안감을 안고 있는 주인에게 너무 많은 정보를 주는 것은 오히려 불안을 부채질하는 결과가 되기 쉽다.

(2) 적절한 반려동물(companion animal)의 선택

- 반려동물을 선호나 외견으로 반려동물을 선택하는 사람이 적지 않다.
- 키우기 시작한 뒤 자신의 생활환경이나 라이프스타일에 맞지 않는다는 것이 판명되어도 때 늦은 일이다.
- 현재의 환경뿐 아니라, 장래 설계도 고려하여 자신에게 맞는 반려동물을 선택해야 한다
- 항상 적절한 조언을 줄 수 있는 지식을 가지고 있을 필요가 있다.

1) 동물 종

① 매일 산책을 데려갈 여유가 없다고 하면 개를 키울 자격이 없다.
② 비교적 품이 들지 않는 고양이라도 실내에서 사육하려면 매일 화장실청소를 해야 한다.
③ 파충류를 키울 경우에는 최소한 사육환경설정이 엄밀할 것, 종류에 따라서는 먹이의 입수가 어렵다는 것을 고려해야 한다.
④ 조류, 설치류, 족제비류와 같은 소형 동물을 선택할 경우에도 어느 정도의 넓

이가 갖춰진 사육환경을 제공해주어야 한다.
⑤ 동물이 본래 가지고 있는 행동양식을 가능한 충분히 발휘할 수 있도록 해주는 것이 문제행동의 예방으로 이어진다.
⑥ 개와 고양이의 경우는 주인의 가족뿐 아니라, 이웃에 사는 사람들의 이해를 받아 두는 것도 필요할 것이다.

2) 품종

① 동물 종이 결정되면 이번에는 품종을 선택해야 한다.
② 개나 고양이에 한하면 우선 잡종인지 순종인지가 될 것이다.
③ 잡종은 질병에 대한 저항력이 비교적 강하다고 알려져 있지만 대부분의 경우 양친의 성질을 알 수 없으므로 성장했을 때의 체격이나 행동특성을 예측하는 것이 어렵다.
④ 순종은 유전적 질환의 가능성이나 저항력이 약하다는 것이 지적되고 있지만 특징적인 외관이나 행동특성을 강화하도록 선발 교배되어 왔기 때문에 성장했을 때의 체격이나 행동특성을 예측하는 것이 쉽다.
⑤ 주인은 선호하는 외견을 상상하면서 자신의 생활환경과 라이프스타일에 맞추어 품종을 선택하면 된다.
⑥ 개의 경우는 과거에 이루어진 하트 박사팀의 방법에 준한 조사가 일본에서도 이루어져 대표적인 견종의 행동특성이 임상수의사에 의해 객관적으로 평가되어 있으므로 참조하기 바란다 (타케우치, 2007).
⑦ 소형견이라도 노부부의 애완동물로는 흥분하기 쉽고 활동성이 높은 잭 라셀 테리어나 미니추어 핀셔는 부적절하다는 것, 작은 아이들이 있는 집에서는 아이를 무는 경향이 있는 치와와나 포메라니안은 부적절하다는 것은 당연하다.
⑧ 장래의 행동특성을 어느 정도 예측할 수 있는 순종의 경우는 그에 대비한 예방조치를 취하는 것도 가능하다.

3) 암수

① 품종이 결정되면 암수를 선택하게 된다.
② 암캐는 훈련기능이 높고 사람을 잘 따르는 것으로 되어 있다.
③ 수캐는 놀이를 좋아하고 활동성이 높지만 웅성호르몬인 테스토스테론이 원인이 되는 문제행동이 일어날 위험이 높다. 일반적으로 수캐에서 많이 보이는 문제행동은 우위성 공격행동, 영역성 공격행동, 개들 간의 공격행동, 쓸데없이 짖기(경계포효) 등이다.

④ 수컷 고양이에서는 영역성 공격행동, 고양이 간의 공격행동, 부적절한 오줌스프레이행동 등이다.
⑤ 수캐라도 각각의 문제행동이 나타날 가능성이 낮은 견종도 존재하며 거세라는 의학적 조치에 따라 문제행동을 예방하는 것도 가능하다는 것을 잊어서는 안 된다.

4) 개체

① 순종이라면 장래적인 행동특성을 어느 정도 예측할 수 있다고는 하나, 같은 품종이라도 개체 간의 차이가 크다.
② 일반적으로 그 동물의 장래적인 행동특성을 예측하는데 있어서 중요한 정보가 되는 것은 양친의 행동특성이다.
③ 가능하면 양친을 보고 성질이나 행동특성을 사전에 잘 알아두어야 한다.
④ 개의 경우, 어미 개와 함께 사육되고 있는 모습을 관찰할 수 있으면 개체의 성격이 결정되기 시작하는 6주 무렵에 선택하는 것이 좋다.
⑤ 개를 처음 키워본다면 구석에서 떨고 있거나 으르렁거리면서 활발하게 놀고 있는 개체가 아닌, 손뼉을 치면 약간 주저한 뒤 다가오는 정도의 개체가 좋다.
⑥ 고양이의 경우는 개보다 약간 빠른 4~5주에 판단하는 것이 가능하다.

5) 입수처

① 사육자(breeder)한테서 입수하는 것을 권장
② 8주 정도까지의 기간을 부모, 형제와 생활함으로써 종 특유의 보디랭귀지나 사회규칙을 배울 수 있으므로 조기에 젖을 떼는 것을 막대한 영향
③ 애완동물 숍에서 입수할 경우는 이유 시기나 교배상황을 사전에 충분히 조사

(3) 충분한 사회화

① 개에서는 3~12주, 고양이에서는 2~9주가 사회화기 존재
② 사회화기의 전반을 어미, 형제들과 함께 보냄으로써 종 특유의 커뮤니케이션 방법과 순위제의 구조 등을 학습
③ 사회화기 후반에는 인간사회에서 생활하기 위한 준비
④ 이 시기의 동물은 호기심도 왕성하여 신기한 환경이나 대상물에 순화하기 쉽다.
⑤ 만일 이 중요한 시기를 어둡고 작은 상자 속이나 안전한 방안에서 특정 사람하고만 보내게 되면 이후 낯선 대상에 대해 과잉 공포심을 갖거나 겁 많은 동물이 되는 것으로 알려져 있다.

⑥ 그 동물이 장래 접할 환경이나 대상물에 대해 이 시기에 충분히 길들여두는 것이 중요하다.

⑦ 사육환경은 주인의 가족구성원이나 생활방식에 따라 크게 다른데 최소한 동종의 동물, 가정 내에서 사육되는 이종동물, 다양한 외견의 사람들(제복을 입은 사람, 안경을 쓴 사람, 노인, 아이들 등), 개이면 산책 중에 경험하는 자동차, 자전거, 오토바이 등에 순화시켜두지 않으면 안 된다.

⑧ 개도 고양이도 큰 소리에 대한 공포증은 비교적 많이 관찰되는 문제행동이므로 바깥에서 들려오는 소음뿐 아니라, 청소기, 환기구, 세탁기 등의 소리에도 길들이는 것이 좋다.

⑨ 앞으로 차로 동물을 이동시킬 가능성이 있는 경우도 이 시기부터 서서히 연습하기 시작해야 한다.

(4) 강아지 교실, 고양이 교실의 참가

- 강아지나 고양이가 어렸을 때 동종의 동물과 보내면서 종 특유의 커뮤니케이션 방법과 순위제의 구조를 배우는 것은 중요하다.
- 빨리 젖을 뗀 것으로 의심되는 경우는 강아지 교실이나 고양이 교실에 참가하여 그 기회를 충분히 만들도록 노력해야 한다.
- 동종 간의 공격행동이나 순위제에 관한 문제행동을 예방할 수 있다.
- 강아지 교실, 고양이 교실에서는 일반적인 예절교육 방법이나 건강관리방법과 더불어, 문제행동에 관한 예비 지식을 제공해주는 경우가 많으므로 문제행동을 조기에 발견할 수 있다.

(5) 예절교실

① 문제행동을 예방하는데 있어 예절교실에 참가하는 것이 반드시 필요한 것은 아니다.
② 사회화가 촉진되어 앞으로 일어날 수 있는 문제행동을 미연에 방지할 가능성도 어느 정도는 있다.
③ 예절교실에 참가함으로써 보다 좋은 관계를 구축할 수 있으면 문제행동을 예방하는 효과는 충분하다고 생각할 수 있다.
④ 주의해야 할 점은 예절교실의 타입이다.
⑤ 일반적으로 예절교실이라 불리는 것에는 2가지 타입이 있다.
  - 개를 몇 개월간 특정 시설에 맡기는 것

- 주인이 개와 함께 다니면서 예절방법을 배우는 것
⑥ 개에게 일반적인 예절을 가르치려는 본래의 목적에서 보면 둘 다 크게 다르지 않다.
⑦ 전문훈련사에게 개를 맡기고 집중적으로 예절훈련을 반복하는 편이 익숙하지 않은 주인이 흉내를 내어 훈련하는 것보다 빠르고 정확하게 가르칠 수 있다는 것은 쉽게 생각할 수 있다.
⑧ 주인과 개의 관계가 틀어져서 발생하는 문제행동의 예방이라는 관점에서 생각하면 맡기는 방법으로는 주인과의 좋은 관계를 구축하는 것은 불가능한 것이 명백하다.
⑨ 귀찮아하는 주인에게도 후자 타입의 예절교실이 권장되어야 한다.

(6) 주인과 개의 관계구축

① 일반적인 주인들은 개를 키우기 시작하면 복종훈련이나 재주를 가르치는데 열성이지만 개가 성장할수록 그 열의가 식고 그저 반복되는 나날의 보살핌이나 귀여워하는 일상으로 바뀌게 된다.
② 성장한 개는 관심을 받지 못하는 외로움이나 주인에 대한 과도한 의존심, 주인에의 신뢰소실 등으로 다양한 문제행동이 나타나게 된다.
③ 문제를 예방하기 위해서는 어렸을 때부터 주인과 확실한 관계를 구축해가야 한다.
   - 어렸을 때부터 간단한 명령과 개가 좋아하는 간식(보수)을 이용하면서 매일 20분간 훈련을 반복하는 것이 좋다.
   - 기초프로그램이라 불리며 거의 모든 문제행동을 치료할 때 적용
   - 문제행동의 예방에도 효과적이므로 특히 개를 처음 키우는 사람은 알아두는 것이 좋다.

〈기초프로그램과 일반적인 복종훈련방법의 차이〉

기초프로그램	복종훈련
- 주인과 개가 즐겁게 시간을 보내는 것과, 곤란할 때는 언제든지 릴렉스하고 주인의 지시를 따르면 안심이라고 개가 생각하게 하는 것이 목적 - '앉아'나 '엎드려' 등의 간단한 명령을 이용하지만 개는 '앉아'의 명령에 대해 '엎드려'를 해도 릴렉스하고 있으면 보상이 주어지는 것 - 주인이 명령을 줄 때도 무서운 어조로 소리치는 것이 아니라, 개가 릴렉스하고 주인에게 집중할 수 있도록 상냥한 말투를 건네주어야 함 - 강제가 아니라, 신뢰관계를 키워가는 것	- 주인의 명령에 대해 즉각 그리고 틀림없이 복종시키는 것이 첫 번째 목표 - 개는 주인의 명령뿐 아니라, 동작이나 표정까지 캐치하려고 필사적 - 화를 내면서 가르치는 경우는 혼나는 것이 아닐까라는 공포로 긴장하는 경우도 있다.

주인의 가족전원이 참가하여 기초프로그램을 실천하면서 개의 성장과 함께 건전한 신뢰관계를 키워 가면 많은 문제행동을 미연에 방지할 수 있을 것이다.

(7) 주인의 개발

① 문제행동은 주인이 문제라는 것을 인식하고 비로소 치료대상(진짜 문제행동)이 될 수 있다.
② 주인이 인식하지 못하는 단계에서도 섭식장애나 이기, 지성피부염 등은 동물의 건강을 직접적으로 위협하기 쉬우며 분리불안이나 각종 공포증은 주인이 모르는 새에 동물의 정신을 갉아먹고 있다.
③ 공격행동, 쓸데없이 짖기, 파괴행동, 부적절한 배설 등도 주인이 견디는 것만으로 끝나지 않는 경우가 많다.
④ 만일 주인이 문제행동이란 어떤 것인가, 그리고 그것을 예방하는 방법을 사전에 알고 있다면 어떠한 불행도 줄일 수 있을 것이다.
⑤ 동물이 건강진단이나 백신접종을 위해 내원할 때 이러한 지식을 조금씩 제공할 수 있다면 주인은 조기에 문제를 인식하게 되기 때문에 간단한 조언으로 그것을 해결할 수 있을 것이다.
⑥ 주인과의 관계가 뒤틀려버린 동물은 치료가 힘들다는 것을 쉽게 생각할 수 있을 것이다.
⑦ 다른 동물의약과 마찬가지로 행동치료에서도 조기발견, 조기치료가 중요한 것이다.

15장 단원정리문제

문제행동의 예방

01 다음 중 적절한 반려동물의 선택의 요건이 아닌 것은?
① 동물 종
② 품종
③ 중성화 여부
④ 개체

> **해설** 중성화 여부보다는 암수 즉 성별을 결정하는 것이 중요하다. 수캐는 놀이를 좋아하고 활동성이 높지만 웅성호르몬인 테스토스테론이 원인이 되는 문제행동이 일어날 위험이 높다.

02 다음 중 문제행동의 예방방법의 설명으로 **옳은** 것은?
① 반려동물을 선택할 때, 주인의 선호도만 높으면 문제행동을 예방할 수 있다.
② 개나 고양이가 1살이 되면 충분한 사회화교육을 실시해야 한다.
③ 강아지교실이나 고양이교실에 참가하는 것은 다른 동물들에 대한 두려움을 증폭시킴으로 피하는 것이 좋다.
④ 주인의 가족전원이 참가하여 기초프로그램을 실천하면서 개의 성장과 함께 건전한 신뢰관계를 키워 간다.

> **해설**
> ① 주인의 선호도만이 아니라 현재의 환경, 장래 설계도 고려하여 자신에게 맞는 반려동물을 선택해야 한다.
> ② 개의 사회화기간은 3~12주, 고양이는 2~9주이다.
> ③ 강아지나 고양이가 어렸을 때 동종의 동물과 보내면서 종 특유의 커뮤니케이션방법과 순위제의 구조를 배울 수 있어 문제행동을 예방할 수 있다.

정답 1 ③ 2 ④

03 다음 중 주인과 개의 관계구축방법 중 옳지 않은 것은?

① 가족 중 리더에 해당하는 한명만 기초프로그램을 실시하면 된다.
② 주인이 명령을 줄 때 상냥한 말투를 건네주어야 한다.
③ 훈련이 강제가 아니라, 신뢰관계를 키워가는 것이라고 느끼도록 한다.
④ 어렸을 때부터 간단한 명령과 개가 좋아하는 간식(보수)을 이용하면서 매일 20분간 훈련을 반복한다.

해설 주인의 가족전원이 참가하여 기초프로그램을 실천하면서 개의 성장과 함께 건전한 신뢰관계를 키워 가면 많은 문제행동을 미연에 방지할 수 있을 것이다.

정답 3 ①

동물행동상담학

1장 _ 동물행동상담학 개요
2장 _ 문제행동의 교정
3장 _ 개의 문제행동과 교정
4장 _ 고양이의 문제행동과 교정
5장 _ 동물행동상담의 과정

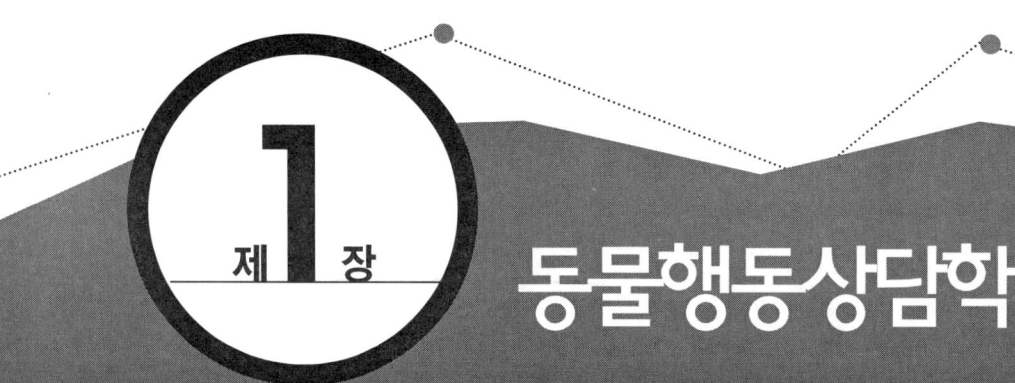

제 1 장 동물행동상담학 개요

1 동물 행동학(ethology, 動物行動學)이란?

(1) 생득적(being innate, 生得的) 행동

생득적 행동에는 빛의 자극에 따라 다가가거나 멀어지는 행동 반응으로서 주광성(phototaxis, 走光性), 농도에 따라 반응하는 주화성(chemotaxis, 走化性) 등, 물고기가 물을 거슬러 올라가거나, 야행성곤충이 불빛에 날아드는 주성적(taxis, 走性的)행동과 수컷들에게서 나타나는 과시행동인 본능적(instinctive, 本能的)행동과 반사적(reflexive, 反射的)행동이 이에 속한다.

(2) 습득적(acquisition, 習得的) 행동

습득적 행동에는 경험(experience, 經驗)이라는 시행착오로 얻어진 행동, 부모나 동료로부터 교육되어진 학습(learning, 學習)적 행동, 조건반사(conditioned reflex, 條件反射), 이러한 것들을 바탕에 둔 고도의 예측적(forecast, 豫測的)인 행동 등이 이에 속한다.

(3) 각인(imprinting, 刻印)

각인이란 생후 수 시간 내에 걸을 수 있는 동물로 조류에서는 오리와 닭, 칠면조 등이 있으며, 포유류에서는 염소, 양, 사슴 등 우제류과가 대부분인 조성(shaping, 早成)동물의 성장초기에만 나타나는 행동이다.

(4) 인지(cognition, 認知)

동작신호에 따라 입력되고 저장되고 출력되는 컴퓨터처럼 시각, 후각, 미각, 청각,

촉각을 통해 들어온 신호를 지각(perception, 知覺)하고, 기억(memory, 記憶)하고, 사고(thinking, 思考)하여 문제를 해결하고 새로이 조합하여 언어능력, 운동제어 등을 할 수 있는 지적, 심적 기능의 총칭

- 피아제의 사람 인지발달단계

1단계 : 감각동작기(0~2세) - 언어가 없으며 모든 사물을 자기중심적으로 파악하는 단계.
2단계 : 전조작적 사고기(2~7세) - 사물의 이름을 인지하고 언어능력이 발달되는 단계.
3단계 : 구체적 조작기(7~11세) - 개념을 형성하며 논리적 추리력을 갖게 되는 단계로 3자인 관점에서 생각할 수 있게 된다.
4단계 : 형식적 조작기(11~15세) - 논리적으로 추상적인 사물에 대해 사고할 수 있는 단계

2 반려동물이란?

개와 고양이 그 밖의 특수동물들이 최근에 가축과 애완이라는 개념에서 반려(companion;伴侶)라는 삶의 동반자로 바뀌게 되었다.

3 동물매개치료란?

(1) A.M. Beck - "동물매개치료는 치료의 도구들로서 동물의 사용을 포함하는 것이다."
(2) A.H. Katcher - "동물매개치료는 접촉에 의한 동물들의 치료 능력 활용"
(3) Granger, Kogan - "치료 과정의 통합 부분으로서 사람과 동물의 유대를 활용하여 치료 대상자들을 대하는 하나의 중재 활동"

4 동물행동상담학이란?

동물행동상담학은 동물행동학과 상담학을 결합한 학문으로, 고도의 전문화된 학문이라 할 수 있다. 동물행동학은 사람과 같이 살아가기 위한 반려동물의 습성과 행동을 기본으로 습득하고 그것을 교정할 수 있는 능력을 갖추어야하며 반려동물의 문제성 때문에 고민하고 있는 보호자를 질의와 응답을 통하여 상담해 문제 교정을 해줄 수 있는 학문이다.

동물행동상담학의 영역과 훈련, 수의학과의 관계를 표시한 그림으로서 문제 행동의 교정을 담당하는 분야는 동물행동상담학이고, 질병에 의한 문제행동은 동물행동 전문 수의사가 담당하는 수의학 분야, 그리고 필요에 따라 동물에 복종 훈련을 수행해야 하는 훈련 분야로 나누어 볼 수 있다.

5 반려동물의 문제 행동에 대한 접근 방식의 변화

과거에 반려동물의 문제 행동은 훈련사에 의해 훈련소에서 훈련 과정을 거쳐 해결하는 것이었으나, 훈련소 입소에 따른 반려동물들의 스트레스와 보호자와 떨어져 있는 동안의 심리적 불안정 때문에 많은 문제점들이 유발되었다. 이러한 문제점들 때문에, 현재는 훈련소 입소에 의한 훈련 보다는 보호자들이 근처 동물병원이나 애견까페 등을 이용하여 행동 상담을 받거나, 동물행동상담사에 의해 문제 행동 분석과 행동 교정이 이루어지고 있다.

〈반려동물의 문제 행동에 대한 접근 방식의 변화〉

	과거	현재	미래
담당 직업군	훈련사	훈련사, 동물행동상담사	동물행동상담사, 동물행동 전문 수의사
문제접근 방식	훈련	문제 행동상담 + 행동교정 및 훈련	문제 행동상담 및 행동교정, 수의학적 약물 처치
장소적 분류	훈련소	가정, 애견까페, 애견유치원, 동물병원 또는 훈련소	동물행동상담센터, 동물행동 전문 동물병원

6. 동물행동상담사의 국내외 현황

동물행동상담사와 관련된 외국의 자격증들로는 미국의 동물행동상담사(Animal behaviour consultant), 미국의 동물행동전문가(Animal Behavior Professionals), 미국의 공인응용동물행동가(Certified Applied Animal behaviorist), 영국의 애완동물행동상담사(Pet behaviour counselor), 일본의 애완견방문지도사 등이 있다.

국내에서 동물행동 관련 자격은 한국동물매개심리치료학회(http://www.kaaap.org/)에서 발급하는 동물매개행동상담사 자격증(등록번호 2013-1206)이 국내 유일하게 동물행동상담 관련 자격증으로 민간자격 인증을 받고 발급하고 있다.

7. 동물행동상담사가 되려면?

동물행동상담사 자격증 발급을 희망하는 경우에 한국동물매개심리치료학회(http://www.kaaap.org/) 에서 실시하는 동물행동상담사 자격시험의 검증을 받아 합격자에 한하여 자격증을 취득할 수 있다.

〈동물행동상담사 자격 검정기준〉

자격종목	등급	검정기준
동물행동상담사	전문가	동물행동상담 분야의 학사학위 이상 소지자로 현장에서 필요한 전문가 수준의 뛰어난 동물매개심리상담의 활용능력 유무.
	1급	동물행동상담 2급자격증을 취득하고 소정의 교육과 임상을 통해 현장에서 필요한 동물행동상담 활용능력과 현장사무를 수행할 능력 유무
	2급	고등학교 졸업 이상자로 학회가 요구하는 소정의 교육과정을 이수하여, 현장에서 필요한 동물행동상담 활용 기본 능력 유무. 또는, 전문대 이상의 졸업(졸업예정)자로서 동물행동학, 애견훈련학, 애견학, 반려(애완)동물학, 동물간호학, 동물복지학 등. 유사과목을 1과목 이상 이수한 자로 현장에서 필요한 동물행동상담 활용 기본 능력 유무.

〈동물행동상담사 자격 응시자격〉

자격종목	등급	응시자격
동물행동상담사	전문가	1. 동물행동상담사 1급 취득자로, 학회 또는 학회에서 인정하는 기관에서 주관하는 소정의 교육과정 16시간과 임상실습을 2년 동안 200시간 이상 이수한 자. 2. 해당과목(동물행동학, 고급동물행동학, 동물보호자상담학, 고급동물보호자상담학 등. 유사과목)의 석사학위 이상의 학력을 소지한 자로 학회 또는 학회에서 인정하는 기관에서 주관하는 소정의 교육과정 16시간을 이수한 자. 3. 박사학위 이상의 학력 또는 그와 동등한 현장 실무 경력 3년 이상, 3년 동안 임상 600시간 이상 자로, 학회 또는 학회에서 인정하는 기관에서 주관하는 소정의 교육과정 16시간을 이수한 자.
	1급	1. 동물행동삼당사 2급 취득자로, 학회 또는 학회에서 인정하는 기관에서 주관하는 소정의 교육과정 16시간과 임상실습을 1년 동안 100시간 이상 이수한 자. 2. 학사 이상의 학위소지자로 학회 또는 학회에서 인정하는 기관에서 주관하는 소정의 교육과정 16시간과 임상실습을 1년 동안 100시간 이상 이수한 자. 3. 석사 졸업예정자로 학회가 인정하는 해당 과목(동물행동학, 고급동물행동학, 동물보호자상담학, 고급동물보호자상담학 등. 유사과목)을 이수한 자.(필기면제, 서류심사)
	2급	1. 고등학교졸업 이상의 학력을 소지한자로 학회에서 운영하는 소정의 동물행동상담사교육 이수자.(필기면제, 서류심사). 2. 전문대학 이상의 졸업(졸업예정)자로, 해당과목(동물행동학, 애견훈련학, 애견학, 반려(애완)동물학, 동물간호학, 동물복지학 등. 유사과목을 1과목 이상) 이수한 자.(필기면제, 서류심사).

8 동물행동상담사의 비전(vision)

동물행동상담사로서 진로는 동물행동 상담센터 운영 및 스텝으로서의 역할, 애견까페, 애견유치원에서 동물행동상담 전문 스텝으로 근무, 동물병원에서 동물 행동치료 스텝으로 근무, 방문상담으로 반려동물 문제행동 교정 역할 담당, 동물행동상담 콜센터 운영 및 보호자 교육을 통한 반려동물 문제행동 교정 역할, 동물행동 관련 대학원 진학 등을 할 수 있다.

1장 단원정리문제

동물행동상담학 개요

01 다음은 동물의 생득적 행동에 대한 설명이다. 옳지 않은 것은?

① 주광성: 빛의 자극에 따라 다가가거나 멀어지는 행동 반응
② 주화성: 농도에 따라 반응
③ 반응적 행동: 물고기가 물을 거슬러 올라가거나, 야행성곤충이 불빛에 날아드는 행동
④ 본능적 행동: 수컷들에게서 나타나는 과시행동

해설 물고기가 물을 거슬러 올라가거나, 야행성곤충이 불빛에 날아드는 행동은 주성적(taxis, 走性的) 행동이다.

02 다음 설명을 읽고 ( ) 안에 적합한 용어를 고르시오.

> 포유류에서는 염소, 양, 사슴 등 우제류과가 대부분인 조성(shaping, 早成)동물의 성장초기에만 나타나는 행동이다. 동물행동학의 기초를 확립한 로렌츠는 인공부화 된 기러기 새끼가 처음 본 사람을 어미로 알고 따라다니는 행동을 ( )(이)라고 명명하였다.

① 각인　② 인지　③ 귀향　④ 지각

03 다음 동물행동상담의 내용 중 옳지 않은 것은?

① 동물행동상담학은 동물행동학과 상담학을 결합한 학문이다.
② 반려동물의 문제성 때문에 고민하고 있는 보호자를 질의와 응답을 통하여 상담해 문제 교정을 해줄 수 있는 학문이다.
③ 동물행동상담은 때로는 강압적인 방법이 필요하다.
④ 동물행동상담사는 동물행동학, 훈련, 질병 및 상담학에 대한 다학제적 전문지식 습득이 필요하고 풍부한 임상 경험이 필요하다.

정답 1 ③　2 ①　3 ③

> **해설** 동물행동상담은 동물의 행동을 이해하고 동물의 관점에서 행동의 변화를 유도하는 행동 교정법을 이용하기 때문에, 동물에 강압적이지 않고 동물복지를 보장할 수 있는 방법으로 동물의 문제 행동 해결을 위해 가장 바람직한 방법이라 할 수 있다.

제 2 장 문제행동의 교정

1 서론

다양한 증례에 공통적으로 적용되는 동물행동 교정방법으로는 동물행동수정법, 약물요법, 의학적 요법이 있다. 기본적으로 문제행동의 진단 및 교정은 동물행동상담사가 맡으며, 의학적 약물의 처치와 같은 행동치료는 동물행동 전문 수의사에게 의뢰하여 처치를 하도록 한다.

2 행동수정법

(1) 홍수법(범람법)

동물이 반응을 일으키기에 충분한 강도의 자극을 동물이 그 반응을 일어나지 않게 될 때까지 반복하여 주는 행동수정법.

(2) 계통적 탈감작

처음에는 동물이 반응을 일으키지 않을 정도의 약한 자극을 반복하여 주어 반응하지 않는다는 것을 확인하면서 단계적으로 자극의 정도를 높여가서 반응을 일으켰던 정도까지 자극을 높여도 반응이 일어나지 않도록 서서히 길들여가는 행동수정법.

(3) 길항조건부여(역조건부여)

자극에 대해 일어나는 바람직하지 않은 반응과는 양립하지 않는 반응을 하도록 조건 부여하는 행동수정법

(4) 처벌

1) **직접처벌**

    말로 혼낸다, 때린다, 동물의 목덜미를 잡는다. 등 동물에게 직접적으로 가하는 처벌

2) **원격처벌**

    짖음방지목걸이, 물대포, 전기사이렌, 뛰어오름 방지장치 등을 이용하여 동물이 처벌을 주는 인간을 인식하지 못하도록 원격조작에 의해 주는 처벌

3) **사회처벌**

    무시나 타임아웃(개가 바람직하지 않은 행동을 보인 직후에 어둡고 좁은 방에 가두어 개가 짖는 동안에는 풀어주지 않는다) 등과 같이 인간과의 상호관계를 단절함으로써 주는 처벌

(5) 행동수정법의 기초가 되는 트레이닝

기초프로그램이라 불리는 트레이닝은 간단한 명령과 개가 좋아하는 간식(보상)을 이용하여 주인과 개의 관계를 재구축하려는 것으로 거의 모든 문제행동에 대한 치료 시 적용된다.

(6) 행동수정법을 도와주는 도구

1) **헤드 홀더** : 특수한 목걸이로 목줄(리드)을 당기면 뒤통수와 코에 압력이 가해지는 구조
2) **입마개** : 개의 입 부분을 완전히 덮어버리는 망.
3) **짖음방지목걸이** : 개가 짖음과 동시에 소리나 진동을 감지하여 처벌을 주는 목걸이.
4) **먹이를 넣는 타월이나 특별한 장난감** : 타월의 이음매에 좋아하는 간식을 숨겨놓거나 땅콩버터를 바른 장난감, 둥글리면 조금씩 간식이 나오는 장난감 등
5) **뛰어내림 방지장치** : 소파나 침대 위에 놓고 개나 고양이가 그 위에 올라오면 큰 소리가 나는 장치.
6) 쥐잡기, 물대포, 전기사이렌, 동전을 넣은 깡통 등
7) **페로몬양 물질방산제(페리웨이®, DAP®)** : 페리웨이®는 고양이의 오줌분사행동에 대해 유용한 분무제로 고양이의 불안을 없애는 페로몬효과에 의해 분사행동이 감소된다.

8) 기피제(비타애플® 등) : 개나 고양이가 불쾌하게 느끼는 냄새나 맛이 나는 분무제나 크림 등으로 특히 파괴행동에 대해 적용한다.

3 약물요법

동물행동 전문 수의사에게 의뢰하여 약제나 호르몬제를 사용하여 문제행동을 해결해가는 방법. 거의 모든 증례에서 약물요법은 행동수정법을 보조하는 형태로 이용된다.

4 의학적 요법

의학적 요법은 동물행동 전문 수의사에게 의뢰하여 수행될 수 있다.

(1) **거세** : 웅성호르몬인 테스토스테론이 원인이 되는 문제행동 중 어떤 것들은 거세에 의해 개선되는 경우가 있다.
(2) **피임** : 고양이의 고도한 발정행동에 대한 치료 이외의 목적으로 피임이 문제행동치에 이용되는 경우는 거의 없다.
(3) **송곳니절단술** : 전문 수의사에 의뢰하여 송곳니를 절단하는 수술
(4) **성대제거** : 쓸데없이 격렬히 짖어서 인근 주민들의 불만이 끊이지 않는 경우에 동물행동 전문 수의사에 의뢰하여 적용된다.
(5) **앞발톱제거술** : 고양이의 공격행동이나 부적절한 발톱갈기 행동 문제에 대하여 동물행동 전문 수의사에 의뢰하여 적용된다.

2장 단원정리문제

문제행동의 교정

01 다음 중 행동수정법의 설명으로 옳지 않은 것은?

① 부적절한 동물의 행동을 바람직한 행동으로 변화시키는 수법이다.
② 학습 원리에 기초하여 고안되었다.
③ 주인의 이해력과 실천력에 달려 있다
④ 동물행동상담사는 주인과 같이 행동수정을 위한 방법을 고안하고 직접 참여한다.

해설 동물행동상담사는 직접참여하지 않고, 주인의 의지를 적절히 평가하면서 지시를 주는 역할을 한다.

02 다음 행동수정법의 종류 중 설명이 틀린 하나는?

① 홍수법 – 어린 동물의 경우나 공포의 정도 약한 경우 효과적이다
② 계통적 탈감좌 – 자극을 높여도 반응이 일어나지 않도록 서서히 길들이는 방법이다
③ 길항조건부여 – 혐오반응을 억제시킴으로써, 즉각적인 효과를 볼 수 있는 방법이다.
④ 처벌 – 동물에게 직접가하거나, 인간과의 상호관계를 단절하는 방법이다.

해설 길항조건부여는 즉각적인 효과를 기대할 수 없다.

03 다음은 행동수정법 중 처벌방법에 관한 설명 맞는 것은?

- 동물이 피할 수 있다.
- 동기부여가 강한 경우에는 그다지 유용하지 않다.
- 일부러 문제행동을 일으키도록 하여 그때마다 처벌을 주도록 하면 좋다.

① 직접처벌　　② 간접처벌　　③ 원격처벌　　④ 사회처벌

> **해설** ■ 원격처벌
> 동물이 처벌을 주는 인간을 인식하지 못하도록 원격조작에 의해 주는 처벌
> - 동물이 피할 수 있다
> - 동기부여가 강한 경우에는 그다지 유용하지 않다
> - 일부러 문제행동을 일으키도록 하여 그때마다 처벌을 주도록 하면 좋다.
> ex) 짖음방지목걸이, 물대포, 전기사이렌, 뛰어오름 방지장치 등

04 행동수정을 도와주는 도구로 설명이 바르지 않은 것은?

① 헤드 홀더 - 우위성 공격행동이나 낯선 개에 대한 공격행동에 유용하다.
② 입마개 - 분리불안의 치료 시 사용된다.
③ 짖음방지목걸이 - 불쾌하게 느끼는 냄새가 목걸이에 장착된 장치에서 분사된다.
④ 쥐잡이, 물대포, 전기사이렌, 동전을 넣는 깡통 등 - 모두 원격처벌로 이용되는 도구이다.

> **해설** ■ 입마개
> 개의 입부분을 완전히 덮어버리는 망이다. 보정 시 사용되는 입마개와 달리, 입 꼬리 부분을 조이지 않으므로 착용한 채 간식 등의 보수를 이용한 트레이닝을 하는 것도 가능하다. 지금까지 한 번이라도 교상사고를 일으킨 적이 있는 개에게는 적용을 고려해야 한다.

05 동물행동수정법 중 의학적 요법에 해당하는 것은?

① 약제나 호르몬제 사용
② 기피제 사용
③ 피임
④ 페로몬양 물질 방산제

> **해설** 의학적 요법 중 거세·피임, 송곳니절단술, 성대제거, 앞발톱제거 이외의 것은 대증요법에 지나지 않으며 통상은 행동수정법의 보조로서 이용된다.

정답 1 ④ 2 ③ 3 ③ 4 ② 5 ③

제3장 개의 문제행동과 교정

1 무엇이 개의 문제 행동인가?

(1) 반려견의 문제행동

여러 반려동물이 있지만 사람과 교감하며 곁에서 먹고 자며 주인을 지켜주는 유기적 관계는 개가 으뜸일 것이다. 그러나 때로 개에 대한 사랑이 지나쳐 사람처럼 대하다 보면, 개는 집단과 무리의 서열을 갖는 동물이기에 성장 후 생각지도 못한 문제가 나타날 수 있다.

(2) 개의 습성(The habits of dog)

① 강아지의 습성

개는 선천적으로 무리를 이루며 리더(leader)를 따르는 습성을 지녔다.
* 리더를 잃으면 개는 불안해진다.
* 강아지 때 보호자인 내담자가 리더임을 확실히 알게 한다.

② 주인의 잘못된 희망사항과 강아지

사람도 아기 때는 기저귀에 배변을 하고, 유아일 때 대소변 교육을 받지만, 아동기뿐만 아니라 청소년기에도 간혹 잠자리에 실례를 할 때가 있다. 강아지도 성장하면서 그런 실수를 한다. 혼내거나 성급히 배설에 대한 문제행동으로 규정짓지 말고 기다려 주면 차츰 나아지므로 그 기간 동안은 꾸준한 반복 훈련을 시켜야 한다.

③ 성견의 습성

성견이 되면 행동을 교정하기가 어렵다. 전문 동물행동상담사를 통해 많은 시간 반복훈련이 필요하므로, 습성을 잘 이해하여 좋지 않은 행동은 강아지 때 미리 막아야 한다.

* 개의 집단 경계 본능은 주인에 대한 충성심으로 이어지게 되므로 믿음을 심어주고 신뢰를 쌓아 유기적인 관계를 형성한다.

(3) 개는 서열(rank)의 동물

무리를 이루고 살아가는 습성을 가진 동물들은 집단의 서열이 분명하게 나타난다.

(4) 개의 리더(leader)로서의 나.

개의 리더란? 무리의 우두머리로 존경을 받고 명령을 해야 하며, 원하는 일에 대하여 그것을 하도록 복종시켜야 한다. 리더로서 역할을 하지 못하면 개는 바로 리더의 자리로 오르려고 하므로 통제가 되지 않는 상태가 되는 것이다.

(5) 훈육과 복종훈련(discipline & obedience)은 언제?

개의 품종별로 다르고 대형견, 중형견, 소형견이 조금씩 다르다. 대형견은 소형견에 비해 강아지기간이 길고 소형견은 성숙이 매우 빠르다. 일반적으로 소형견은 5~7개월, 대형견은 7~9개월까지이며, 생물학 상으론 이갈이를 할 시기까지를 말한다. 따라서 훈육과 복종훈련은 보편적으로 40일부터 이갈이 기간까지 끝마쳐야 한다.

(6) 당황하지 말고 「앉아/ 기다려」만 정확히 훈련시키면 특수훈련도 끝!

특수훈련을 받은 개도 부럽지 않은 복종 훈련이 바로「앉아 · 와 · 기다려」이다.
모든 훈련은 여기에서 출발하며 가장 기본이 되는 훈련인 동시에 개와 소통할 수 있는 기본적인 언어이기도 하다.

(7) 울타리 안에 집을 만들어 주면 안정 끝! 문제 행동 끝!

개에게 편히 쉴 수 있는 자기만의 영역을 만들어 주어야한다. 자신을 숨길 수 없는 오픈된 집이라면, 개는 불안해하고 작은 소리와 움직임에도 자신의 몸이 노출되어 있는 이유로 민감하게 반응을 보인다. 불안정한 환경은 심한 경계와 공격성을 야기시킬 수 있다.

2 개에게 나타나는 문제행동의 주된 원인

(1) 두려움과 불안(feat & anxiety)

① 어미와 떨어져 갓 입양된 강아지
② 살던 집에서 다른 집으로 이사 했을 경우 - 환경변화에 따른 불안
③ 다른 반려견의 등장으로 주인의 사랑을 빼앗겼다는 불안감.
④ 집안에서 두려운 존재로 인한 공포

(2) 외로움(loneliness)

안정된 잠자리를 만들어 주고, 그 안에 주인의 냄새가 나는 옷가지를 놓아주기, 평소 좋아하는 장난감 놓아주기, 사료와 먹을 물을 가득 부어 놓고 외출하기 등 또는 반려동물 유치원에 보내는 것, 가정으로 방문해 1:1(Case by case)의 자문을 해줄 수 있는 동물행동삼담사를 통한 행동교정 등이 있다.

(3) 배고픔과 식탐(hunger & gluttony)

- 영양의 불균형
- 사료의 유통기한 확인
- 유통기한이 지나지 않았지만 사료포대를 공기와 차단시키지 않고 열어 놓은 경우. 영양소가 파괴되어 영양의 불균형이 나타난다.
- 사료의 질 문제로 사료 회사를 바꾸어 본다.
- 성장기에 따라 고단백, 높은 영양을 필요로 하므로 사료선택을 잘해야 한다.
- 성견은 보다 낮은 칼로리로 맞춰 주어야 한다.
- 품종에 따라 유난히 먹성이 좋은 경우도 있는데, 좋은 영양가의 사료로 무제한급이 하는 방법으로도 식탐과 과식을 방지할 수 있다.

(4) 배설 욕구(excretion desire)

개가 생활공간에서 대소변을 가리지 못하는 것은 큰 문제가 된다.
생후 3개월 미만의 강아지는 충분한 식사 후 10~20분 안에 배변을 한다. 그 시간 안에 변을 볼 장소로 옮겨주거나 찾아가도록 조치하고 반복적인 훈련을 시켜야만 한다.

(5) 잠(sleep)과 휴식(rest & relaxation)

잠을 편하게 새워야 개는 휴식을 취하고 성장할 수 있다. 그런데 반려견으로 생활하고 있는 개는 그러한 습성욕구를 충족시키지 못한다. 사람의 활동시간에 맞춰 생활하다보니, 낮에 휴식과 잠을 취하지 못해 피곤과 불만이 쌓이는 경우가 나타난다.

(6) 성장기 호르몬의 변화(hormonal changes)

성적으로 성장한다하여 성성숙(性成熟 sexual maturation)기(期)라 한다. 성별에 대한 성호르몬(sex hormone)이 나타나 암컷과 수컷의 뚜렷한 행동차이가 만들어지는 시기이다.
수컷의 경우 자신의 영역을 표시하는 배뇨 행동인 마킹(marking), 구애행동인 마운팅 등을 보인다.

(7) 성적 욕구(sexual desire)

야생의 늑대와 들개들은 성성숙을 하게 되면, 수컷의 경우 독립적이 된다. 무리 내에서 서열 싸움을 하게 되고, 때로는 무리를 떠나 다른 무리의 우두머리와 싸움을 하기도 한다. 이것은 자기 자손을 남기려는 본능적인 행동으로 가정견으로 순화된 반려견에게도 나타나는 행동으로 자꾸 밖에 나가고 싶어 하는 이유 중 하나이다. 풀어져 있는 개는 배회하고 다닐 것이며, 같은 무리 내지는 다른 동네의 무리들과 힘겨루기 싸움도 하고 다닌다.

3 개의 일반적 문제 행동의 교정

(1) 부적적한 배설

① 부적절한 배뇨습성
  ㉠ 입양 전 배뇨계획을 미리 세우자!
  ㉡ 시기를 놓쳐 부적절한 배뇨를 하게 된 성장기의 강아지 경우
  ㉢ 성견이 되어서도 부적절한 배뇨를 하는 경우
    - 이러한 경우 Case by Case로 보호자와 개, 보호자의 생활환경과 성격, 개

의 품종, 현재 개의 욕구불만과 복종의지, 현재 밥 주는 방법, 배설과 관계한 현재의 생활환경 등을 보호자(내담자)와의 설문을 통해 분석해야 한다.
ㄹ 수컷의 마킹(Marking)
- 마킹은 수컷의 성성숙기의 호르몬의 변화에서 설명하였듯이, 습관적이어서 과도한 마킹을 하지 못하도록 관심을 다른 곳으로 돌릴 수 있는 놀이를 같이 해주고, 가벼운 산책으로 운동을 시켜주어야 한다.
ㅁ 복종적 배뇨(submissive urination)
- 개는 서열이 높은 우두머리에게 복종의 의미로 배를 하늘로 하고 누워 소량의 소변을 내뿜는다.

② 부적절한 배변습성
㉮ 대변을 먹는 원인
ㄱ 대변에 남아 있는 영양소
ㄴ 새끼의 대소변을 받아먹는 경우
ㄷ 영양 불량(malnutrition) 또는 에너지 칼로리의 필요
ㄹ 영양 불균형(nutritional imbalance)
ㅁ 단순 배고픔
㉯ 대변을 숨기려하는 원인
ㄱ 야생의 습성
ㄴ 배변을 하다 주인에게 혼난 과거의 기억

(2) 복종하지 않는 개

복종이란 무엇을 의미하는 것일까? 개는 서열의 동물이므로 주인을 리더로 인정할 때만 복종을 표한다. 「앉아」, 「기다려」는 할 줄 아나 「이리 와」 하면 오지 않는 경우는 주인에게 복종 의사가 없다는 것이다.

(3) 아무 때나 자주 짖는 개

짖는 것은 개의 언어 전달이다. 무엇을 어떻게 하라고 사람에게 알리고 있는데 사람이 알아듣지 못해 문제점을 해결할 방법도 찾지 못한다. 혼자 있을 때 짖는 경우와 타인에게 심하게 짖는 경우, 그리고 자기를 방어하기위해서 짖는 경우, 개가 짖는 원인은 상황에 따라 각각 다르다.

(4) 아무거나 물어뜯는 악동?

개는 성장을 하면서 이것저것을 물어보고 판단을 한다. 개의 입은 사람에게 손과 같은 역할을 하므로 당연한 일이라 할 수 있다. 물어뜯기는 생후 2주, 이빨이 나는 시기부터 시작된다. 이 시기엔 아무거나 물어뜯는데 방치하여서는 안 된다. 개가 물어뜯고 놀 수 있는 장난감을 주는 것이다. 시판되는 사료 중에는 이를 고려하여 씹는 재미를 주는 사료가 있다.

(5) 사람을 무는 못된 개

반려견이 사람을 무는 것은 아주 심각한 문제행동이다. 사람을 무는 행동은 어느 정도는 제제와 반복적 훈련으로 완화될 수는 있으나 그 본성이 바뀌지는 않기 때문에 항상 불안요소를 갖고 있는 것이다. 사회성 부족으로 다수의 사람에게 갖는 불안감과 공포심이 원인이며 자기를 방어하는 수단으로 사람을 무는 경우가 있을 수 있다. 어릴 적부터 산책 등을 통해 많은 사람을 만나게 하고 다른 개와도 어울리게 하면 미연에 방지 할 수 있다.

(6) 외출하면 집안을 어지르는 말썽꾸러기

첫째, 어지를 만한 물건들은 닿지 않는 곳에 잘 치워두어야 한다.
둘째, 외출 시에 개를 집안에 풀어 놓지 말고 실내용 울타리 안에 넣어 둔다.
셋째, 개가 좋아하는 장난감들(시중에서 판매)과 주인의 체취가 담긴 헌옷가지, 쓰지 않는 방석 등을 놓고 나간다.

(7) 밥을 잘 먹지 않는 개

일단 감기, 소화기, 구강의 염증 등의 질병적요소가 있는지 병원을 찾아야 한다. 이상이 없다고 진단을 받았다면 사료관리를 잘 했는지 살펴본다. 그 외에 어렸을 때 잘못 길들여진 식습관 때문일 수 있다. 강아지를 너무 예뻐해 식탁에서 끌어안고 밥을 먹여 주는 일이다. 이렇게 길들여지면 성견이 되어도 그렇게 해주지 않으면 먹지 않는다.

(8) 밖을 함부로 나가 돌아다니는 개

수캐들의 돌아다니는 또 다른 이유는 영역을 표시하는 마킹(marking)을 하기 위해서이다. 또 다른 이유로는 발정난 암컷의 접근으로 짝을 이루려는 본능 때문이다

(9) 목욕을 하지 않으려는 개

선천적으로 물을 좋아하는 개와 싫어하는 개가 있다. 물을 싫어하는 개라도 따뜻한 적정 온도의 물로 목욕을 시켜준다면, 처음에는 겁을 먹지만 마음과 근육의 긴장을 풀고 안정된다.

4 반려견의 기본교육

(1) 이리와!

모든 소통의 기본이 되는 소리는 "이리와"이다. "이리와"는 반려견의 눈을 바로 쳐다보며, 밝은 표정으로 손뼉을 쳐서 주의를 집중시킨 후 "이리와"하며 안아주는 동작을 함께한다. 반려견의 눈높이에 맞추기 위해서 보호자가 먼저 낮은 자세로 앉으며 "이리와!"라고 소리 낸다.

(2) 앉아!

모든 기본교육의 첫 단계는 "앉아"이다. 앉는다는 것은 "기다려"로 이어지며, 동작을 멈추고 얌전한 상태로 다음 교육을 하기위한 가장 기본이 되는 교육이며, 보호자인 리더에 대한 복종교육이기도 하다.

(3) 기다려!

"기다려!"교육의 주의 사항은 30분을 초과하지 않는 범위 내에서 실시하며 여러 날을 반복하여야 한다. "기다려"동작을 시키기 전에 항상 "앉아"를 시켜야함을 잊지 말자.

(4) 엎드려!

조금 더 강한 복종과 장시간의 "앉아"와 "기다려"를 하기위한 수단으로 "엎드려"라는 교육을 시켜야한다.

(5) 누워!

엎드린 개는 "누워"라는 동작을 하기 쉽다. 여러 날의 엎드려 동작을 잘 해내었을 경우, 보호자에 대한 복종의 자세를 가르쳐 주어야 하는데 그것이 "누워"이다.

(6) 먹지 마! / 먹어!

먹는 식탐에 먹을 것을 보고 타인에게 쫓아가며, 어린아이의 손에 든 음식을 낚아채며, 먹을 것을 달라고 사람의 다리에 올라타는 등의 행동을 미연에 방지해야 올바른 반려견 교육이 된다.

(7) 조용히! / 짖지 마! / 쉿! / 안 돼!

위의 용어들은 제제를 가하는 명령어이다. 정면으로 개의 눈을 쳐다보며, "기다려" 손동작을 어깨 높이 이상으로 들어 올려 단호하고 보다 높은 톤의 소리로 명령을 내려야 한다.

5 체벌(corporal punishment, 體罰)

정말 말을 듣지 않는 개도 있는데 이때는 부득이 체벌을 할 필요가 있다. 교육에 있어서 사랑을 근본으로 하는 적당한 체벌은 교육에 효과적이며, 나아가 사회적 문제행동을 예방하는데 큰 도움이 된다.

3장 단원정리문제
개의 문제행동과 교정

01 다음 중 개의 습성의 설명으로 옳지 않은 것은?
① 개는 무리를 이루고 생활하는 집단동물이다.
② 개는 리더(leader)를 중심으로 사냥과 영역 경계, 무리를 보호하고 번식하는 지능과 본능을 지니고 있다.
③ 서열이 잘 갖추어진 집단에서는 명령과 복종이 확실하게 지켜진다.
④ 사람과 함께 생활하는 개는 자기만의 영역은 반드시 필요하지 않다.

> 해설 자신을 숨길 수 없는 오픈된 집이라면, 개는 불안해하고 작은 소리와 움직임에도 자신의 몸이 노출되어 있는 이유로 민감하게 반응을 보인다. 불안정한 환경은 심한 경계와 공격성을 야기시킬 수 있다.

02 개의 문제행동의 원인으로 볼 수 없는 것은?
① 두려움과 불안
② 성장기 호르몬의 변화
③ 훈련 트레이닝
④ 성적 욕구

> 해설 훈련을 통해 주인과의 친밀한 관계를 구축할수 있으며, 문제행동 발생시 훈련이 잘 되어 있다면 많은 도움이 될 수 있다. 그러므로 문제행동의 원인으로는 볼 수 없다.

03 자주 짖는 개에 대한 행동교정방법 중 성격이 다른 것을 고르시오.
① 성대수술
② 짖을 때마다 코에 레몬즙 스프레이하기
③ 자동반응 목줄, 스프레이, 전기 쇼크장치 등 시중에 판매하는 짖음 방지기 이용하기.
④ 목줄(초크 체인)을 걸어 짖을 때마다 위로 당기기

> 해설 ①번은 행동교정방법이 아니라 의료적인 행위이므로 나머지 ②,③,④번과 성격이 다르다.

04 개의 행동에 대한 설명으로 옳지 않은 것은?

① 개는 단독생활을 하는 습성을 가지고 있다.
② 리더로서 보호자가 역할을 하지 못하면 개는 통제하기 어렵다.
③ 훈육과 복종훈련은 보편적으로 40일부터 이갈이 기간까지 끝마쳐야 한다.
④ 기본 복종 훈련은 「앉아 · 와 · 기다려」이다.

해설 개는 서열이 있는 동물이다. 무리를 이루고 살아가는 습성을 가진 동물들은 집단의 서열이 분명하게 나타난다.

05 다음 개의 행동 중 보호자에 복종하는 모습에 대한 설명으로 옳지 않은 것은?

① 보호자의 '이리와' 명령어에 바로 보호자에게 온다.
② 보호자를 리더로 인정하고 따르는 행동을 한다.
③ 개가 보호자에게 꼬리를 치며 등에 올라탄다.
④ 보호자의 기본 명령과 '엎드려' 명령에 잘 따른다.

해설 개는 보호자에게 복종을 하게 되면, 꼬리를 치고, 낮은 자세를 취한다. 보호자 앞에 엎드려 꼬리를 치는 행동을 보여준다.

정답 1 ④ 2 ③ 3 ① 4 ① 5 ③

제4장 고양이의 문제행동과 교정

1 무엇이 고양이의 문제 행동인가?

(1) 고양이의 습성(The habits of cat)

고양이과 동물들은 사자를 제외하곤 모두 단독생활을 한다. 고양이는 깔끔하고, 조용하며, 혼자 있기를 좋아한다.

(2) 무리가 만들어지면 서열(rank)을 이룬다.

단독생활을 하는 동물일지라도 무리가 생성되면 집단의 서열이 분명하게 나타난다. 서열이 정해질 때까지는 큰 싸움까지도 발생할 수 있다.

(3) 고양이의 리더(leader)로서의 나.

단독 생활의 습성을 가진 고양이이지만 안식처로의 집과 음식을 보장해 주는 보호자(리더)를 필요로 한다. 자신의 안전을 책임져 주는 어미처럼, 보호자는 고양이에게 신뢰를 주어야 하며 그 신뢰를 바탕으로 고양이의 리더가 될 수 있다.

(4) 훈육과 복종훈련(discipline & obedience)은 언제?

고양이는 개와 다르게 훈육을 통해서 행동이 교정되지 않는다. 고양이는 훈육과 복종훈련을 시키지 않는다.

2 고양이에게 나타나는 문제행동의 주된 원인

(1) 부적절한 배설

1) 영역표시 - 주변 환경이 바뀌어 자기 영역을 찾고자 하는 행동

2) 용변기와 관련

① 용변기의 청결상태가 좋지 않은 경우.
② 용변기의 대변을 자주 치워주지 않아 가득 찬 경우.
③ 용변기의 모래나 톱밥이 자신과 맞지 않은 경우.
④ 용변기의 모래나 톱밥의 높이를 충분하게 깔아주지 않은 경우.
⑤ 생활공간과 너무 멀리 떨어져 있는 용변기의 위치.
⑥ 잠자리 옆에 용변기를 두어 고양이가 불쾌하기 생각하는 경우.
⑦ 개방된 용변기를 사용하여 고양이에게 배설의 안정을 주지 못한 경우 등.

3) 성장 과정의 실수

- 성장하면서 있는 단순한 실수이므로 성숙하면 자연스럽게 해결된다.

4) 오줌 뿌리기? 스프레이(spray) 행동

- 개와 마찬가지로 영역표시 행동인 마킹(marking)이므로 구분하여야 한다.

(2) 분리불안

고양이도 어미나 형제 그리고 리더인 보호자와 떨어지면 두려움과 공포심을 갖는다.
* **교정방법** - 외출할 땐 장난감이나 보호자의 체취가 밴 옷가지 등을 놓아준다. 외출 후 돌아와선 이름을 부르거나 "야옹" 소리로 보호자의 음성을 확인시켜 주어야 하며, 고양이가 확신하고 안정될 때까지 다가가거나 동작이 큰 행동은 하지 않는다.

(3) 스크래치(Scratch)

스크래치란 발톱으로 긁어 가구를 흠집 내거나, 커튼, 소파, 옷가지 등에 발톱자국을 남기는 것을 말한다.

(4) 집안 어지르기

고양이의 경우는 욕구불만으로 집안을 어지르는 개와는 다르다. 고양이는 단지 호기심이 많아 장난과 놀이를 하는 것이다.

(5) 공격성

두려움과 공포로 인한 공격, 최소한의 자기방어를 목적으로 하는 공격, 집단에서 서열 경쟁을 위한 공격, 자신의 영역을 확보하려는 공격 등으로 나눌 수 있다.

3 고양이의 일반적 문제 행동의 교정

(1) 분리불안 완화 및 해소

숨을 수 있는 공간으로서의 안정된 집, 놀이터로서의 집, 휴식을 취할 수 있는 공간으로서의 집, 잠자리로서의 집이 필요하다. 집이 개방된 고양이는 불안정해진다. 야생에서처럼 자신을 숨길만한 공간이 없기 때문이다.

(2) 부적절한 배설의 교정

고양이의 부적절한 배설은 크게 세 가지 경우다. 첫 번째는 용변기와 관련된 것으로 쉽게 교정이 가능하며 두 번째는 영역표시와 관련한 것으로 보호자의 주의가 요구된다. 세 번째는 고령화에 따른 치매로 약물치료가 조금 도움이 되지만 완전히 개선되지는 못하므로 받아들여야 한다.

(3) 공격성에 대한 교정

① 두려움에 의한 공격적 행동
② 자기방어적인 공격성
③ 서열싸움에 의한 공격성
④ 영역확보를 위한 공격성

4 상담자로서의 자격

동물행동학자로서만 아닌 동물행동상담사로서 발전하기 위해서는 각자 많은 수학을 해야 할 것이다. 또한 시간을 할애하여 전문동물병원, 동물호텔, 동물유치원, 동물매개치료활동과 반려동물 카페와 블로그, 동아리 활동 등을 통하여 임상 경험을 쌓아야 한다.

4장 단원정리문제

고양이의 문제행동과 교정

01 다음 중 고양이의 습성의 설명으로 옳은 것은?

① 고양이과 동물은 무리를 이루고 생활하는 집단동물이다.
② 고양이는 리더(leader)를 중심으로 사냥과 영역 경계, 무리를 보호하고 번식하는 지능과 본능을 지니고 있다.
③ 고양이는 야행성 동물이다.
④ 사람과 함께 생활하는 고양이는 자기만의 영역은 반드시 필요하지 않다.

> **해설** 고양이과 동물들은 사자를 제외하곤 모두 단독생활을 한다. 고양이는 깔끔하고, 조용하며, 혼자 있기를 좋아한다. 고양이는 야행성 동물이다.

02 고양이의 문제행동으로 영역 표시 방법으로 자주 이용되는 행동은?

① 털 고르기 행동 ② 구르기 행동
③ 스프레이 행동 ④ 플레멘 행동

> **해설** 고양이의 오줌 뿌리기 행동 즉, 스프레이(spray) 행동은 영역표시 행동인 마킹(marking) 행동으로 집 안에서 스프레이 행동이 사육의 어려움을 주는 문제행동으로 분류된다.

03 분리불안을 보이는 고양이에 대한 행동교정방법으로 옳지 않은 것을 고르시오.

① 외출할 땐 장난감이나 보호자의 체취가 밴 옷가지 등을 놓아준다.
② 고양이가 확신하고 안정될 때까지 동작이 큰 행동은 하지 않는다.
③ 외출 후 돌아와선 보호자의 음성을 확인시켜 준다.
④ 분리불안 행동을 보일 때 코에 레몬즙 스프레이를 한다.

🕤 해설 외출할 땐 장난감이나 보호자의 체취가 밴 옷가지 등을 놓아준다. 외출 후 돌아와선 이름을 부르거나 "야옹" 소리로 보호자의 음성을 확인시켜 주어야 하며, 고양이가 확신하고 안정될 때까지 다가가거나 동작이 큰 행동은 하지 않는다.

04 고양이에 대한 설명으로 옳지 않은 것은?

① 고양이는 단독생활을 한다.
② 단독생활을 하는 동물일지라도 무리가 생성되면 집단의 서열이 분명하게 나타난다.
③ 고양이는 개와 같이 훈육을 통해서 행동이 교정될 수 있다.
④ 고양이가 자신의 청결에 훨씬 많은 시간을 할애한다.

🕤 해설 고양이는 개와 다르게 훈육을 통해서 행동이 교정되지 않는다. 「앉아」 같은 단순 훈련도 되지 않는다. 맛있는 것을 잘 챙겨 준다고 해서 또는 무섭게 한다고 해서 복종하는 것도 아니다.

정답 1 ③ 2 ③ 3 ④ 4 ③

제5장 동물행동상담의 과정

1 문제 행동의 원인

반려동물이 보이는 문제 행동의 원인을 분석할 때 의학적이고 병리학적인 관점으로 접근하는 것은 아주 중요하다. 문제 행동을 보이는 동물들 중에서 의학적인 문제 때문에 보이는 행동들은 다른 방향으로 치료를 해 나가야 한다.

2 문제 행동

의학적 문제를 동반하지 않는 대부분의 행동학적 문제에 있어서 그 원인은 보호자에게 있는 경우가 많다. 정상 행동이지만 반려동물로서 받아들여지기 힘든 행동들에는 장난감이나 음식을 지키기 위한 공격행동, 집에 찾아오는 방문자에 대한 공격행동, 땅파기, 물어뜯기 또는 다른 동물들에 대한 공격행동 등을 들 수 있다. 비정상정인 행동들은 자극에 의한 두려움이 극도의 불안감으로 연결되는 경우가 많은데 이런 경우 내분비, 대사, 염증, 면역, 고령화 등과 같은 내인적 소인인 경우와, 스트레스, 불안감, 갈등 등에 만성적이고 반복적으로 노출되는 외인적 소인인 경우로 나뉠 수 있다.

3 동물행동상담의 의학적 조사

의학적 조사는 동물행동 전문 수의사에게 의뢰하여 결과를 받을 수 있다.

문제 행동을 보이는 많은 동물들의 경우, 통증이나 내분비적 기전의 이상 등 의학적이거나 또는 정신적인 원인으로 인한 경우가 많다. 그러므로 감별 진단을 위하여 의학적 조사를 실시한다.
- **건강진단** : 공격행동이나 쓸데없이 짖기 등은 통증에 의해 발현되는 경우가 있으므로 일반건강진단에 의해 통증의 유무를 조사할 필요가 있다.
- **내분비 호르몬 검사를 포함한 혈액검사** : 생화학적, 혈액학적 검사를 실시함으로써 내과 질환에 의한 행동변화를 감별할 수 있다.
- **오줌검사** : 부적절한 배설이 주요증상인 경우는 필수 검사이다. 뇨 성상 검사나 뇨 성분 검사 등이 검사 항목에 해당된다.
- **배변검사** : 기생충검사 및 소화기계 질환 검사를 해야 한다.
- **피부검사** : 지성피부염, 육아종이 보이는 경우는 우선 피부병에 관한 검사를 해야 한다. 털 상태의 이상을 보이는 경우에는 호르몬 검사를 함께 실시하여야 한다.
- **중추(신경학적) 검사** : 선회운동이나 파행을 보이는 경우 일반 신경학적 검사나 X선 검사, CT검사, MRI검사 등의 검사가 필요하다.

4 문제행동 분석

동물행동상담사는 보호자에게 최소한 48시간 전에 질문표를 주고 상세한 내용을 기술할 수 있도록 해야 한다.
- 질문표 사용에는 여러 가지 장점
  ① 행동상담 시 필요한 사항을 미리 정리할 수 있다.
  ② 최소한의 질문을 잊어버리지 않도록 도와준다.
  ③ 문제가 되는 행동뿐 아니라, 전반적인 정보가 기재되어 있어 보호자가 인식하지 못한 새로운 문제나 문제의 배경이 되는 동기도 발견할 수 있다.
  ④ 정확한 행동수정 계획을 세워둘 수 있다.
  ⑤ 행동상담 시 생길 수 있는 미연의 사고(교상 등)를 방지할 수 있다.

5 행동상담

동물행동상담센터나 동물행동 전문 동물병원으로 보호자와 동물이 직접 방문하는 경우, 의학적인 검사나 조치를 곧바로 할 수 있다는 장점이 있지만 동물이나 보호자의 입장에서는 긴장될 수 밖에 없는 공간이므로 평소와 같은 문제행동이나 일상의 관계를 관찰하기에는 쉽지 않을 수 있다.

두 번째 전문가가 동물이 생활하고 있는 공간을 방문하여 행동상담을 진행하는 방법도 있다. 이 방법은 동물의 세력권 내에 침입해야 하는 것에 따른 위험성이 따르지만 평소와 같은 문제행동을 관찰하거나 보호자와의 관계를 파악하는 데는 더없이 좋은 방법이라 할 수 있다.

세 번째 방법인 전화나 팩스 등 원격으로 실시하는 상담 및 진료보다는 보호자와 전문가의 관계 형성이 쉽다. 반대로 원격 행동상담의 경우 동물행동상담사가 불충분한 정보를 바탕으로 오진하는 일이라도 생기면 보호자와 전문가의 신뢰관계는 깨지기 쉽다.

- 보호자가 작성한 질문표의 내용을 다시 확인하여야 할 항목

  ① 문제가 되는 동물의 연령, 성별, 품종, 병력 등과 같은 일반정보
  ② 행동상담의 원인이 되는 문제행동의 개요(주요증상)와 보호자가 희망하는 최종목표
  ③ 행동상담의 계기가 된 사건의 상세
  ④ 문제행동을 일으키는 상황 : 인간, 시간대, 환경요인 등
  ⑤ 문제행동에 이어서 나타나는 행동
  ⑥ 문제행동의 경과 : 최초의 문제발생시기, 빈도, 정도의 변화 등
  ⑦ 관련된 문제행동
  ⑧ 마지막으로 일어난 사건의 상세
  ⑨ 문제행동이 나타나지 않는 경우의 상황

동물의 문제행동을 정확히 진단하기 위해서는 문제행동을 일으키는 동기를 정확히 파악해야 한다. 이를 위해서는 문제행동이 발현하기 전후의 동물의 모습을 확실히 관찰해야 하는데 정작 보호자들은 문제 행동을 보이기 전후의 행동이나 동물이 보이는 보디랭귀지 또는 표정에는 무관심 하며 물거나 짖거나 하는 증상에만 관심을 두는 경우가 많다.

6 행동교정 처방

보호자에게 진단명과 진단을 내린 근거를 명확히 전달하고 행동수정 방침을 자세히 설명해야 하며 동물 행동수정 시에는 약물투여나 환경수정 및 행동수정법 등 보호자가 평소 실천해야 할 점들이 많으므로 이 과정에도 충분한 시간을 할애하여야 한다.

7 후속조치(동물행동 전문 수의사에게 의뢰)

반려동물 문제행동의 행동수정을 실제로 실시하는 것은 보호자이므로 행동수정의 과정에서는 행동수정 후의 follow up이 반드시 필요하다. 편지, 전화, 팩스, 이메일 등으로 계속 관계를 유지하며 연락하여야 하며 동물행동수정법을 실시할 때가 되면 잘 모르는 것이 많다는 것을 알게 되므로 행동수정 종료 시에도 계속적으로 연락할 것을 주지시켜야 한다. 만약 보호자에게 연락이 없는 경우라도 진찰 1주 후에는 행동수정법에 불분명한 점이 많은지, 문제는 없는지, 경과는 어떠한지 등을 물어보는 것이 좋다.

5장 단원정리문제

동물행동상담의 과정

01 다음 중 문제행동의 설명으로 옳지 않은 것은?

① 동물의 문제 행동의 원인을 분석할 때 의학적이고 병리학적인 관점으로 접근하는 것은 아주 중요하다.
② 어린 동물의 문제행동은 유전적인 영향이 크다.
③ 주인의 이해력과 실천 반려동물이 문제 행동을 보이는 경우 이를 고치려는 모든 가족 구성원들의 노력이 중요하다.
④ 문제행동은 내분비, 대사, 염증, 면역, 고령화 등과 같은 외인적 소인인 경우와, 스트레스, 불안감, 갈등 등에 만성적이고 반복적으로 노출되는 내인적 소인인 경우로 나뉠 수 있다.

> **해설** 비정상정인 행동들은 자극에 의한 두려움이 극도의 불안감으로 연결되는 경우가 많은데 이런 경우 내분비, 대사, 염증, 면역, 고령화 등과 같은 내인적 소인인 경우와, 스트레스, 불안감, 갈등 등에 만성적이고 반복적으로 노출되는 외인적 소인인 경우로 나뉠 수 있다.

02 다음 행동상담 시 질문에 의해 모아두어야 할 최소한의 정보에 대한 것이 아닌 것은?

① 문제가 되는 동물의 연령, 성별, 품종, 병력 등과 같은 일반정보
② 행동상담의 계기가 된 사건의 상세
③ 문제행동을 일으키는 상황 : 인간, 시간대, 환경요인 등
④ 관련되지 않았지만 앞으로 기대되는 문제행동

> **해설** 동물이 보이는 문제행동과 관련된 문제행동들을 면밀히 검토하여 살펴보는 것도 중요하다. 나타나지 않은 문제행동까지 질문할 필요는 없다.

03 다음 행동수정의 순서로 알맞은 것을 고르시오.

㉮ 주인으로부터 연락 ㉯ 행동상담
㉰ 진단 및 행동수정 계획 설명 ㉱ 행동상담 예약 및 질문표 작성

① ㉮ - ㉱ - ㉯ - ㉰
② ㉮ - ㉱ - ㉰ - ㉯
③ ㉱ - ㉮ - ㉯ - ㉰
④ ㉮ - ㉯ - ㉰ - ㉱

해설 ㉮ 주인으로부터 연락 - ㉱ 행동상담 예약 및 질문표 작성 - ㉯ 행동상담 - ㉰ 진단 및 행동수정 계획 설명

04 다음 의학적 검사의 설명으로 옳지 않은 것을 고르시오.

① 건강진단 : 상시장애나 관심을 구하는 행동 등에서 동물이 선회운동이나 파행을 보이는 경우 실시한다.
② 피부검사 : 지성피부염, 육아종이 보이는 경우는 우선 피부병에 관한 검사를 해야 한다.
③ 배변검사 : 이기(異嗜)가 심한 경우는 우선 기생충검사를 해야 한다.
④ 혈액성상(내분비검사를 포함) 검사 : 일반혈액검사를 실시함으로써 내과질환에 의한 행동변화를 감별할 수 있는 경우가 있다. 경우에 따라서는 혈액 중 호르몬농도를 측정하는 것이 좋다.

해설
건강진단은 공격행동이나 쓸데없이 짖기 등은 아픔에 의해 발현되는 경우가 있으므로 일반건강진단에 의해 아픔의 유무를 조사할 때 실시한다. 또한 털의 상태에 따라 내분비질환을 추정하는 것이 가능한 경우도 있다.

05 다음 중 follow up에 대한 설명으로 옳은 것을 고르시오.

① 행동수정의 과정에서는 행동수정 후의 follow up이 반드시 필요하지는 않다.
② 연락수단으로는 편지, 전화, 팩스, 이메일 등이 생각되는데, 연락수단을 한정하기보다는 주인이 선택한 연락수단을 존중한다.
③ 주인에게서 연락이 없는 경우, 끝까지 주인의 연락을 기다려본다.
④ follow up은 행동수정법이 힘들어 절망하는 주인을 북돋는다는 의미도 지닌다.

해설 행동수정을 실제로 실시하는 것은 주인이므로 행동치료의 과정에서는 행동수정 후의 follow up이 반드시 필요하다. 연락수단으로는 편지, 전화, 팩스, 이메일 등이 생각되는데 다른 면담업무에 지장이 없도록 사전에 수단을 한정하는 편이 좋다. 주인한테서 연락이 없는 경우라도 행동수정 1주 후에는 행동수정법에 불분명한 점이 많은지, 문제는 없는지, 경과는 어떠한지 등을 물어보고, 행동수정법이 힘들어 절망하는 주인을 북돋는다는 의미에서도 동물행동상담사가 연락하는 것이 바람직하다.

보호자 상담학

1장 _ 상담의 기본 개념

2장 _ 기본적인 상담기법

3장 _ 상담의 과정

4장 _ 상담 윤리

5장 _ 상담에 영향을 미치는 요인들

6장 _ 유능한 동물행동상담사

제1장 상담의 기본 개념

1 상담의 정의

(1) 상담의 정의

도움을 필요로 하는 사람(내담동물보호자)이 전문적으로 훈련을 받은 사람(동물행동상담사)과의 대면관계에서, 생활과제의 해결과 사고·행동 및 감정 측면의 인간적 성장을 위해 노력하는 과정이다.

1) 상담의 구성요소

내담동물보호자, 동물행동상담사, 그리고 두 사람과의 대면관계이다. 대부분의 상담이 도움을 청하는 사람과 도와주는 사람간의 양자관계에서 이루어진다. 그리고 이 관계는 전화상담을 제외하고는 다 얼굴을 마주 대하는 대면관계이다.
① 도움을 받는 사람..내담동물보호자
② 도움을 주는 사람..동물행동상담사
③ 도움을 받는 사람과 도움을 주는 사람 간의 관계..................상담관계

2) 변화를 위한 상담

① 상담의 결과로 과거의 생각, 느낌, 행동 등에서 변화가 이루어진다면 학습이 이루어졌다고 말할 수 있다.
② 새로운 변화로서의 학습은 당장 관찰될 수도 있고, 시간이 흐른 뒤에 나타날 수도 있다.

3) 상담과정의 내용과 목표

① 상담은 단순한 정보를 얻거나 대화를 나누는 것이 아니다. '동물의 일상생활 과제의 해결 및 행동수정'이다.

② 일상생활 속의 문제가 구체적으로 해결되고, 사고방식이나 행동 측면에서도 전보다 더 발전되기 위한 노력을 하는 것이다.
③ 구체적인 상담목표가 달성되기 위해서는 전문가에 의한 체계적인 조력(도움)이 필요하다.

(2) 상담자

1) 상담의 주요목표

① **1차적 목표** : 내담자가 호소하는 심리적 불편이나 증상을 경감시켜 주는 것으로 '증상 완화 또는 문제 해결적 목표'라고 부른다.
② **2차적 목표** : 내담자가 내면적인 자유를 회복하고 자신이 가지고 있는 수많은 가능성과 잠재력을 발휘할 수 있도록 성격을 재구조화하여 인간적 발달과 성숙을 이루도록 하는 것으로 '성장 촉진적 목표'라고 부른다.

2) 상담자의 전문적 자질

① 동물행동상담자가 상담목표들을 달성하기 위해서는 그것에 필요한 전문적 지식과 경험을 갖추어야 한다.
　㉠ 상담이론에 관한 이해를 해야 한다.
　　- 문제해결적 목표와 관련해서 사람들이 왜 심리적 문제를 경험하는가?
　㉡ 상담을 효율적으로 진행하는 방법과 절차에 관한 이해를 해야 한다.
　　- 문제해결적 목표와 관련해서 이런 문제를 효율적으로 해결하는 방법과 절차는 무엇인가?
　　- 성장촉진적 목표와 관련해서 개개인에게 어떤 잠재력과 가능성이 있는가?
　　- 타고난 가능성과 잠재력을 충분히 알지 못하거나 발휘하지 못하는 이유는 무엇인가?
　　- 각자가 자기 속에 가지고 있는 가능성과 잠재력을 충분히 드러내기 위해서는 자기와 세상을 경험하는 방식이 어떻게 달라져야 하는가?
　㉢ ㉠과 ㉡을 바탕으로 한 실제 상담훈련을 경험해야 한다.
② 자질을 갖추지 않은 사람이 행한 상담은 전문적 상담이 아니다 : 우호적·지지적인 대화는 될 수 있지만 문제를 해결하고 성장을 촉진하는 전문적 의미의 상담은 아니다.

3) 상담자의 인간적 자질

① 훌륭한 상담자가 되기 위해서는 전문적 자질과 함께 인간적 자질을 갖추어야 한다.
② 상담은 치료이론이나 기법으로 하는 것이 아니다.
③ 상담에서 가장 강력한 치료적 도구는 상담자 자신이다.

(3) 내담자

1) 호소문제

상담을 받는 사람이라고 해서 다 심각한 문제가 있는 것은 아니다. 자신이 당면한 문제를 스스로 감당하기 힘들거나 해결하기 어려워 전문가의 도움이 필요하다면 전문가의 도움을 받을 수 있다.

2) 상담에 오는 과정

〈그림 1-1〉 상담에 오는 과정

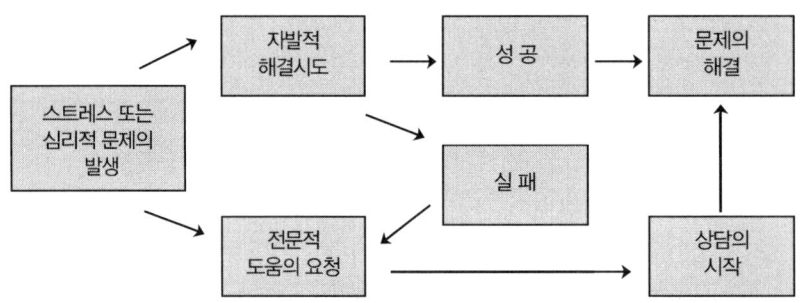

〈이장호, 상담심리학의 기초, 학문사, 33page에서 인용〉

(4) 상담의 기본원리

1) 웰펠(Welfel)과 패터슨(Patterson)이 본 효과적인 상담의 기본원리

웰펠(Welfel)과 패터슨(Patterson)은 상담자로서 그동안의 경험과 연구결과를 바탕으로 효과적인 상담의 기본원리의 내용을 제안하였다.

① 효과적인 상담을 위해서는 상담자가 사회적·문화적 맥락에서 인간행동을 철저히 이해하고, 내담자의 특별한 문제와 환경에 그러한 지식을 적용할 수 있어야 한다는 것이다.
② 성공적 상담의 정의로서 내담자가 원하는 상담의 궁극적인 목적은 내담자가 만족하다고 생각하는 어떤 변화를 달성하도록 내담자를 조력하는 것이다.
③ 내담자 변화의 근간은 상담자와 내담자의 긍정적 관계로 상담자와 내담자의 긍정적인 관계, 조력관계의 질은 내담자의 성숙을 위한 분위기를 제공하는데 가장 의미 있는 요인이라는 것을 강조한다.
④ 강렬한 상담경험이 상담자와 내담자 모두에게 정서적으로 강렬한 영향을 준다.
⑤ 상담과정에서 적극적 파트너로서의 내담자의 중요성을 강조함으로써 효과적인 상담은 내담자가 상담자와의 상호작용에 의해 촉진되는데 자기노출, 자기직면, 모험하기 등에 적극적으로 참여하겠다는 내담자의 다짐에 기반을 두고 있다는 것이다.
⑥ 기본적인 전문적 책임감으로의 윤리적 행위로써 상담전문직의 윤리강령은 상담자가 내담자의 최선의 이익을 가장 높은 우선순위에 둘 것과 전문직을 위한 행동강령의 모든 절차를 따를 것을 요구하는 것이다.

2) 상담자의 신념과 태도

상담자는 내담자와 함께 하는 참여적 관찰자이며 촉진자이다. 상담자가 가진 신념과 상담에 임하는 태도는 내담자에게 영향을 준다. 이런 점에서 상담에 임하는 상담자의 신념과 태도는 다음과 같아야 한다.

① 변화에 대한 확신을 가져라.
② 윤리적 책임감을 인식하여라.
③ 자각을 확장하라.
④ 본보기를 보여라.
⑤ 내담자를 위해 함께 함을 보여 주어라.

3) 내담자의 이해와 문제파악

상담자가 내담자의 문제파악을 정확히 하는 것은 상담목표의 달성과 관련하여 매우 중요하다. 내담동물보호자의 문제를 해결하기 위한 몇 가지 상담 원리는 다음과 같다.

① 적극적 경청을 하라
② 내담자의 이해를 위해 '반복'이란 말을 명심하라
③ 경험을 통한 육감을 발달시켜라

4) 내담자 조력활동

동물행동상담사는 내담동물보호자의 문제 파악을 정확히 한 후에 문제해결을 위한 조력활동을 한다. 동물행동상담사가 내담동물보호자를 어떻게 조력할 것인가는 동물행동상담사의 이론적 관점과 그의 지식과 경험수준에 따라 차이를 보인다. 여기서는 동물행동상담사가 어떤 접근방식을 취하는가에 관계없이 일반적으로 내담자를 효과적으로 조력하기 위해 상담자가 유념해야 할 내용을 살펴보면 다음과 같다.

① 경험을 통해 느끼게 하라.
② 자신의 인간관과 성격에 부합한 상담이론을 개발하라.
③ 상담면접기법을 숙달하라.
④ 상담기법적용의 적절한 시점인가를 파악하라.
⑤ 현재 진행되는 경험을 다루어라.
⑥ 내담동물보호자를 끊임없이 격려하라.
⑦ 구체적인 상담목표를 설정하라.

5) 상담과정의 내용과 목표

① 상담에 대한 흔한 오해는 단기간에 끝나진다고 믿는 것이다. 그러나 상담은 여러 번의 면접으로 구성된 '과정'에서 이루어진다.
  - 선생님, 동물행동상담은 한 번만 하는 것 아니에요?
  - 내 동물이 선생님과 몇 번 만났는데 왜 아무런 변화가 일어나지 않지요?
② 간혹 한두 번의 면접으로 끝나는 상담도 있기는 하지만, 문제 해결 및 발전적인 변화가 있으려면 적어도 7, 8회 이상의 면접이 필요하다는 것이 경험적으로도 입증되고 있다.

(5) 상담의 기능

1) 교육적 기능

내담자 또는 내담동물의 행동을 바람직한 방향으로 변화시키기 위한 전문적 조력과정으로 정의된다는 점에서, 상담을 학습과정, 재교육과정, 사회화 과정으로 보는 입장에서는 상담의 교육적 기능이 더욱 강조된다.

2) 진단적·예방적 기능

내담자와 내담동물의 적응력을 신장시키고 성장가능성을 촉진시키기 위해 부적응 행동의 원인을 진단하고 그 원인을 제거하기 위한 상담기법이 필요하다. 따라서 상담의 진단적·예방적 기능은 상담문제해결과 부적응 예방을 위한 필요조건이라 할 수 있다.

3) 교정적 기능

어떤 내담자는 '아무것도 할 수 없다'라는 그릇된 의식을 가짐으로써 성장이 지체되고 있는 경우가 허다하다. 이와 같은 경우 상담은 '생각 바꾸기', '마음 고쳐먹기'와 같은 하나의 교정적 과정을 나타내게 되는데 이때의 상담목표는 인간적 성숙이다.

4) 치료적 기능

상담의 목표가 '성장을 저해하는 장애물이 있을 때는 언제나 이를 제거하고 극복하여 인간자원의 최적발달을 성취하도록 개인을 도와주는 것'이라고 할 때 치료적 기능은 상담의 기본적 기능에 속한다.

단원정리문제

1장 상담의 기본 개념

01 다음상담의 구성요소 중 양자관계가 바르게 짝지어진 것은?

① 도움을 받는 사람 ──────────────── 동물행동상담사
② 도움을 주는 사람 ──────────────── 내담동물보호자
③ 도움은 받는 사람 ──────────────── 내담동물보호자
④ 도움을 받는 사람과 도움을 주는 사람 간의 관계────대면관계

> **해설** 상담의 구성요소에서는 도움을 받는 사람-내담동물보호자, 도움을 주는 사람-동물행동상담사, 도움을 받는 사람과 도움을 주는 사람간의 관계-상담관계로 구성된다.

02 다음 상담의 주요 목표에 대한 특징으로 옳지 않은 것은?

① 자발적 해결
② 문제 해결적 목표
③ 증상완화
④ 성장 촉진적 목표

> **해설** 상담의 주요목표는 1차적 목표로 증상완화 또는 문제 해결적 목표라 부르고, 2차적 목표로서 성작 촉진적 목표라 부른다.

03 다음 상담자는 잠여적 관찰자이며 촉진자로서 상담에 임하는 신년과 태도로 옳지 않은 것은?

① 변화에 대한 확신을 가져라
② 적극적 경청을 하라
③ 윤리적 책임감을 인식하라
④ 본보기를 보여라

> 해설: 상담자의 신념과 태도는 변화에 대한 확신, 윤리적 책임감 인식, 자각을 확장, 본보기, 내담자를 위해 함께 함을 보여 주어라 이다.

04 다음 상담자가 내담자의 문제파악을 정확히 파악하기 위한 상담 원리와 맞지 않은 것은?

① 내담자의 이해를 위해 '반복'이란 말을 명심하라
② 경험을 통한 육감을 발달시켜라
③ 적극적 경청을 하라
④ 자각을 확장하라

> 해설: 내담자의 이해와 문제파악의 상담 원리는 적극적 경청을 하라, 내담자의 이해를 위해 '반복'이란 말을 명심하라, 경험을 통한 육감을 발달시키기가 상담원리 이다.

05 다음 동물행동상담사는 내담동물보호자의 문제 파악을 정확히 한 후 문제해결을 위한 조력활동을 하게 된다. 이때, 상담자가 유념해야 할 문제가 아닌 것은?

① 내담동물보호자의 삶의 질을 향상하기 위해 노력한다.
② 자신의 인간관과 성격에 부합한 상담이론을 개발하라.
③ 상담기법적용의 적절한 시점인가를 파악하라.
④ 내담동물호자를 끊임없이 격려하라.

> 해설: 내담자의 조력활동에는 경험을 통해 느끼게 하라, 자신의 인간관과 성격에 부합한 상담이론을 개발하라, 상담면접기법을 숙달하라, 상담기법적용의 적절한 시점인가를 파악하라, 현재 진행되는 경험을 다루어라, 내담동물보호자를 끊임없이 격려하라, 구체적인 상담목표를 설정을 하여 상담목표를 달성하는데 효과적이다.

06 다음 상담의 기능으로 옳지 않은 것은?

① 교육적 기능
② 진단적·예방적 기능
③ 교정적 기능
④ 정신건강적 기능

정답 1 ③ 2 ① 3 ② 4 ④ 5 ①

> **해설** 상담의 기능은 교육적 기능, 진단적·예방적 기능, 교육적 기능, 치료적 기능이 상담의 기본적 기능에 속한다.

07 다음 중 상담의 목표로 옳지 않은 것은?

① 행동의 변화를 촉진하기 위해서다.
② 정신건강의 증진을 위해서다.
③ 지능의 향상을 위해서다.
④ 문제의 해결을 위해서다.

> **해설** 도움을 필요로 하는 사람(내담동물보호자)이, 전문적으로 훈련을 받은 사람(동물행동상담사)과의 대면관계에서, 생활과제의 해결과 사고·행동 및 감정 측면의 인간적 성장을 위해 노력하는 과정이다. 지능의 향상과는 관계가 없다.

08 다음 중 상담의 기능에 대한 설명이다. 올바르게 연결된 것은?

① 교육적 기능 : '생각 바꾸기', '마음 고쳐먹기'와 같은 하나의 과정
② 진단적·예방적 기능 : 성장가능성을 촉진시키기 위해 부적응 행동의 원인을 진단하고 그 원인을 제거하는 과정
③ 교정적 기능 : 성장을 저해하는 장애물이 있을 때는 언제나 이를 제거하고 극복하여 인간자원의 최적발달을 성취하도록 개인을 도와주는 것
④ 치료적 기능 : 학습과정, 재교육과정, 사회화 과정

> **해설** 상담의 진단적·예방적 기능은 내담자와 내담동물의 적응력을 신장시키고 성장가능성을 촉진시키기 위해 부적응 행동의 원인을 진단하고 그 원인을 제거하기 위한 상담기법이 필요하다. 따라서 상담의 진단적·예방적 기능은 상담문제해결과 부적응 예방을 위한 필요조건이라 할 수 있다.

09 다음 보기의 설명 중 ㉠, ㉡에 해당하는 것을 고르시오.

'㉠'은 내담동물보호자의 말과 행동에 동물행동상담자가 선택적으로 주목하는 것이다. 내담동물보호자가 말하는 흐름을 따라가며 잘 듣는 것이다. '㉡'은 내담동물보호자의 말과 행동에서 표현된 기본적인 감정, 생각 및 태도를 동물행동상담사가 다른 참신한 말로 부연해주는 것으로 내담동물보호자로 하여금 자기가 이해받고 있다는 인식을 받게 된다.

① ㉠ – 경청　　㉡ – 반영
② ㉠ – 질문　　㉡ – 면담
③ ㉠ – 명료화　㉡ – 경청
④ ㉠ – 경청　　㉡ – 반영

해설 ㉠은 경청에 대한 설명이고, ㉡은 반영에 대한 설명이다. 이 두 가지 모두 면담의 기본방법 중 하나이다. 면담의 기본 방법에는 경청, 질문, 반영, 명료화 등이 있다.

제 2 장 기본적인 상담기법

1 경청 · 질문 · 반영 · 명료화

(1) 면접의 기본방법

상담에서 취하는 상담이론의 종류, 내담동물보호자의 문제, 상담목표에 관계없이 공통적으로 사용되는 기본적인 면담기법으로 경청, 개방형 질문, 바꾸어 말하기, 요약, 반영, 명료화, 직면, 해석 등이 포함된다.

(2) 면접기법의 분류

1) 비지시적(비개입적) 면담법
① 동물행동상담사가 내담동물보호자의 언어적 흐름을 방해하지 않고, 따라가는 방법이다.
② 경청, 요약, 바꾸어 말하기, 반영이 있다.

2) 지시적(개입적) 면담법
① 동물행동상담사의 의견을 전달하려는 것이다.
② 직면, 해석이 있다.

(3) 면접기법을 사용하기 전 생각할 점

1) 동물행동상담자에게 맞는 면담법
① 동물행동상담사도 성격과 개성이 다르듯이 유머가 풍부하고 부드러운 사람과 분석적이고 냉철한 사람이 있다.
② 다양한 기법을 연습해보고 자신에게 잘 맞는 면담법을 찾아야 한다.

2) 기법보다 중요한 것은 동물행동상담사의 마음과 태도

기법은 동물행동상담사가 취한 이론적 입장에 자연스럽게 녹아들어야 하므로 기법보다 중요한 것은 내담동물보호자를 향한 동물행동상담사의 마음과 태도이다.

(4) 경 청

1) 정 의
① 내담동물보호자의 말과 행동에 동물행동상담사가 선택적으로 주목하는 것이다.
② 내담동물보호자가 말하는 흐름을 따라가며 잘 듣는 것이다.

2) 효 과
① 내담동물보호자는 동물행동상담사가 자신에게 온전히 관심을 기울이고 있음을 전달받는다.
  - 내 얘기를 정말 듣고 싶어 하는구나.
  - 내게 이렇게 관심을 기울이다니. 지금껏 누구도 내게 이런 관심을 주는 사람은 없었어
② 내담동물보호자로 하여금 생각이나 감정을 자유롭게 표현할 수 있도록 북돋아 주며, 자신의 방식으로 문제를 탐색하게 하며, 상담에 대한 책임감을 느끼게 한다.

3) 경청에 대한 표현
동물행동상담사는 내담동물보호자의 말을 주목하여 듣고 있음을 전달해야 한다.
① **시선을 통한 접촉** : 눈과 눈 사이, 눈의 근처, 얼굴 주변에 시선이 머무르는 것이다.
② **자세 및 몸짓** : 이완된 자세로 내담동물보호자 쪽으로 약간 몸을 기울이거나 고개를 끄덕 이는 것이다. 뒤로 몸을 젖히거나 팔짱을 끼는 자세는 주의해야 한다.
③ **언어** : '음', '예', '그렇죠? 등의 추임새를 말한다. 단, 내담동물보호자의 진술의 흐름에 방해되지 않아야 한다.
  예) '저 동물행동상담사는 왜 자꾸 거슬리게 알았다고 하는 거야. 그냥 듣고 있다는 시늉으로 반복하는 것 아냐?'

(5) 질문

1) 질문의 효과

중요한 사항에 대한 적절한 질문은 동물행동상담사가 경청하고 있음을 전달해줄 뿐만 아니라, 내담동물보호자의 자기탐색을 촉진한다.

2) 바람직한 질문방법

① 개방적 질문과 폐쇄적 질문이 있다.
  ㉠ **개방적 질문** : '당신은 동생을 어떻게 생각하나요?'
  ㉡ **폐쇄적 질문** : '당신은 동생을 좋아하는 것 같은데 그렇죠?'와 같이 '예', '아니요'의 한정된 답을 요구하는 질문
② 질문 공세는 위협적으로 느껴질 수 있으므로 삼가야 한다.

(6) 반영

1) 정의

① 내담동물보호자의 말과 행동에서 표현된 기본적인 감정, 생각 및 태도를 동물행동상담사가 다른 참신한 말로 부연해주는 것으로 내담동물보호자로 하여금 자기가 이해받고 있다는 인식을 받게 된다.

② 내담동물보호자가 한 말을 그대로 다시 반복하는 식으로 반영해주면 내담동물보호자는 자기의 말이 어딘가 잘못되지는 않았나 하고 생각하게 되거나 동물행동상담사의 그러한 반복에 지겨움을 느끼기 쉬우므로 가능한 한 다른 말을 사용하면서 관심을 가지고 이해하고자 한다는 태도를 보여야 한다.

③ 흔히 내담동물보호자의 감정은 '큰 저류가 있지만 표면에는 잔물결만이 보이는 강물'에 비유된다. 즉, 내담동물보호자의 감정은 수면상의 물결처럼 겉으로 보이는 표면감정이 있고, 강의 저류처럼 보이지는 않으나 중심적인 내면감정이 있는 것이다. 동물행동상담사는 내면적 감정을 정확히 파악하여 내담동물보호자에게 전달해 주어야 한다.

④ 반영이란 말 속에 흐르는 주요 감정을 전달해주는 것이다.

2) 효과

① 내담동물보호자가 자신의 감정을 파악하도록 돕는다.
② 감정을 명료하게 파악하고, 수용하는 과정을 통해 깊은 탐색을 시도한다.
③ 동물행동상담사의 감정반영은 내담동물보호자에게 감정표현의 모델이 될 수 있다.
　예) '아, 저렇게 감정을 표현할 수 있구나.'
④ 감정을 느낄 수 있도록 안내함으로써 카타르시스를 경험하게 한다.
⑤ 이해받는다는 느낌을 주어 신뢰 있는 상담관계를 촉진할 수 있다.

3) 표현방법

① ~ 때문에 ~ 를 느끼는 군요, ~ 게 느끼시는 것 같네요, ~ 게 들리는데요, 달리 말하면 ~ 게 느끼고 계신다는 말씀인가요?, ~ 라고 이해가 되는데요, 정말 ~ 한가 보네요.
② 내담동물보호자가 말로 표현하는 것뿐 아니라 자세, 몸짓, 목소리의 어조, 눈빛 등의 비언어적 메시지에서 표현되고 있는 것도 반영해준다.
③ 특히 내담동물보호자의 언어표현과 행동단서가 차이가 나거나 모순을 보일 때에는 이를 반영해주는 것이 필요하다.

4) 대상과 정도

① 내담동물보호자의 말과 행동 중 어떤 것을 선택하여 그것을 어느 정도의 깊이로 반영할 것인가?
　㉠ 가장 중요하고 강한 것이 어떤 것인가?
　㉡ 내담동물보호자가 말로 표현한 수준 이상으로 깊이 들어가지 않는다(예: 명료화, 해석)
② 너무 얕은 반영은 내담동물보호자의 마음에 다가가지 못하여 부족하다는 느낌을 준다.
③ 너무 깊은 반영은 내담동물보호자가 받아들이기에 부담스러워 물러서게 만들 것이다.

5) 반영의 시기

① 반영을 언제 하는 게 가장 적절한가는 내담동물보호자가 충분히 말을 한 다음에 하라.
② 중간에 끊을 경우 내담동물보호자의 감정의 흐름을 놓칠 수 있다.
③ 의미 있는 것에 초점을 맞추기 위해 때때로 내담동물보호자의 말을 중단시킬 수 있다.

(7) 명료화

1) 정 의

① 내담동물보호자의 말 속에 내포되어 있는 뜻을 내담동물보호자에게 명확하게 말해주는 것이다.
② 내담동물보호자의 실제 반응에서 나타난 감정이나 생각 속에 암시되었거나 내포된 관계와 의미를 보다 분명하게 말해주는 것이다.

2) 대 상(내용)

① 명료화의 내용은 내담동물보호자의 표현 속에 포함되었다고 동물행동상담자가 판단한 것으로 내담동물보호자 자신은 미처 충분히 자각하지 못하는 의미 및 관계이다.
② 내담동물보호자가 애매하게만 느끼던 내용이나 자료를 동물행동상담자가 말로 표현해준다는 점에서, 명료화는 내담동물보호자에게 자기가 이해를 받고 있으며 상담이 잘 진행되고 있다는 느낌을 갖게 해준다.
③ 내담동물보호자로 하여금 미처 생각하지 못했던 측면을 생각하도록 하는 자극제가 되는 것이다.

3) 선택적 명료화의 예시

내담동물보호자가 표현한 생각이나 느낌 중에서 동물행동상담자가 중요하다고 판단한 생각이나 느낌을 선택하여 강조하는 것이다.

4) 비유적 명료화의 예시

보다 명확히 알 수 있도록 비유나 은유적 묘사를 사용하는 것이다.

5) 바람직하지 못한 행동 및 태도의 명료화의 예시

과도하게 내담동물보호자의 말을 끊고 들어가거나 지나치게 따지듯 질문을 하는 경우, 부정적인 느낌을 주는 "왜"라는 단어를 사용한 질문을 반복하는 것이다.

2 직면 · 해석

(1) 직 면

1) 정 의

① 직면은 내담동물보호자가 모르고 있거나 인정하기를 거부하는 생각과 느낌에 대해 주목하도록 하는 동물행동상담사의 언급(또는 지적)이다.
② 내담동물보호자가 모르고 있는 과거와 현재의 연관성, 행동과 감정 간의 유사점 및 차이점 등을 지적하고 그것에 주목하도록 하는 것이다.
③ 직면은 내담동물보호자의 변화와 성장을 촉진시킬 수도 있는 반면, 내담동물보호자에게 심리적 위협과 상처를 줄 수 있을 정도로 강력하므로 동물행동상담사는 직면의 적절한 시기를 고려해야 한다.
④ 내담동물보호자와 다른 의견을 내기 시작하는 적극적인 개입방법이다.

2) 대 상

① 내담동물보호자 스스로는 못 깨닫고 있지만 그의 말이나 행동에서 어떤 불일치가 발견될 때 동물행동상담자는 이 불일치를 지적할 수 있다.
② 내담동물보호자로 하여금 자신의 욕구에 의해서만 상황을 바라볼 것이 아니라 상황을 있는 그대로 볼 수 있도록 하는데 사용될 수 있다. 상담에서 어떤 화제를 피하거나 다른 사람의 의견이나 생각, 느낌 등을 받아들이려 하지 않을 때 이를 내담동물보호자에게 이해시키는 데에도 사용될 수 있다.
③ 내담동물보호자가 미처 깨닫지 못했거나 사용하지 않은 능력과 자원을 지적하여 주목케 하는 것도 포함된다.

3) 효 과

① 새로운 변화에 도전할 수 있게 이끌어 주는 것이다.

② 자신의 측면을 수용하고 보다 새롭고 적응적인 사고 및 행동을 하도록 안내할 수 있다.

4) 유 형

모순과 불일치가 일어날 때는 내담동물보호자 내면의 갈등이나 양가감정의 표시(Sign)이다.

① 2가지 언어적 진술간의 모순
② 말과 행동 간의 불일치
③ 2가지 행동 간의 모순
④ 2가지 감정 간의 불일치
⑤ 자기개념과 경험 사이의 불일치
⑥ 내담동물보호자의 견해와 동물행동상담사의 견해의 불일치
⑦ 내담동물보호자가 이야기하기를 피하는 화제나 받아들이지 않으려 하는 대안적인 의견, 생각이나 느낌

5) 직면의 시기

① 내담동물보호자가 그것을 받아들일 수 있는 준비가 되어 있는지를 면밀히 고려해야 한다.
② 직면을 위해서는 경청, 반영, 명료화 등의 기법이 주가 되는 수용적이고 담아주는 과정이 필요하다. 신뢰를 통해 '나를 진심으로 생각해서 하시는 말이구나' 하고 진지하게 들여다 볼 의향이 생긴다.
③ 내담동물보호자를 배려하는 상호 신뢰의 맥락에서 행해져야 하며, 내담동물보호자에 대한 동물행동상담자의 좌절과 분노를 표현하는 수단으로 사용되어서는 안 된다. 내담동물보호자가 준비되지 않았을 때 자신에 대한 비난이나 비판으로 받아들이고, 저항과 분노를 느낄 수 있다.

(2) 해 석

1) 정 의

① 내담동물보호자에게 어떤 의미를 전달하고자 하는 동물행동상담사의 시도라고 볼 수 있다.
② 내담동물보호자가 보이는 여러 언행들 간의 관계 및 의미에 대한 가설을 제시하는 것으로 내담동물보호자로 하여금 과거의 생각과는 다른 각도에서 자기의

행동과 내면세계를 파악하게 하는 것이다.
③ 통찰로 이끄는 가장 직접적인 방법이다.

2) 대상

① 초기 면접에서는 상담에 대한 잘못된 기대와 미온적인 태도를 해석해야 할 필요가 있다. 이때의 해석은 상담과정을 밝혀주고 내담동물보호자가 앞으로 유의해서 노력해야 할 영역을 제시해 주는 것이다.
② 상담이 진행됨에 따라 내담동물보호자의 방어 기제들이나 문제에 대한 생각·느낌 및 행동 양식 등을 해석의 대상으로 삼는다. 처음에는 내담동물보호자가 미처 자각하지 못하고 있는 것들을 설명해 주며 상담이 진행됨에 따라 방어기제와 태도들의 어떤 측면이 효과적이고 비효과적인지를 구체적으로 해석한다.
③ 상담의 중반기에는 내담동물보호자 자신이 스스로 해석할 수 있도록 북돋아주기 위해서 일반적인 내용을 해석하면서 해석의 횟수를 줄인다. 이와 같이 해석의 대상과 내용은 상담 과정의 단계에 따라 달라진다.

3) 효과

① 내담동물보호자의 성격 및 문제의 배경을 파헤쳐 새로운 통찰을 제공할 수 있으며, 동물행동상담자의 이론적 입장이나 관심사에 따라 다른 해석을 제공할 수 있다.
② 내담동물보호자의 생각과 행동에 대해 좀 더 다른 시각, 넓은 시각으로 바라보게 유도한다. 즉 자신의 말과 행동의 의미를 깨닫고 더 큰 틀 속에서 바라볼 수 있게 한다.
③ 내담동물보호자 자신의 말과 행동에 대한 책임감과 자기통제를 촉진할 수 있다.

4) 제시 방법

① 직접적인 형식
② 가설적인 형식
③ 질문 형식

5) 해석의 제시 형태

① 잠정적 표현
② 점진적 진행
③ 반복적 제시

④ 질문형태의 제시
⑤ 감정적 몰입을 위한 해석

6) 해석의 시기

① 내담동물보호자가 받아들일 준비가 되어 있다고 판단될 때 조심스럽게 실시한다.
② 준비가 되지 않은 상황에서 내담동물보호자에게 직면이나 해석을 제시할 경우 심리적인 균형이 깨져 불안을 느끼거나 저항이 나타나거나 중도탈락(Drop)이 될 수 있다.
③ 상담의 초기 단계에서 감정의 반영을 많이 하게 되고, 그 다음에 내담동물보호자의 성격과 태도를 명료화하는 해석을 한다.
④ 내담동물보호자가 반복된 탐색 및 상담과정에서 어느 정도 해석의 내용에 가까이 접근했다고 판단이 되었을 때 해석이 가능하다.
⑤ 대부분의 내담동물보호자들은 동물행동상담사의 해석에 동의하지 않으면서 억지로 받아들이는 척하거나 받아들임으로써 자존감에 반복된 상처를 받을 수 있다.

7) 유 형

① 유사성
비슷한 내용을 가진 2가지 감정이나 생각을 연관시킨다.
② 대비성
2개의 다른 생각이나 감정들을 연관시킨다.
③ 연결성
시간과 공간상으로 근접되어 있거나 떨어져 있는 감정 및 생각을 연합시킨다.

8) 제한점

① 내담동물보호자가 새로운 지각과 이해를 받아들이려 하지 않을 때는 저항이 일어날 수 있다.
② 이 때 해석은 내담동물보호자의 자기 탐색을 감소시키는 결과를 초래할 수 있다.
③ 해석 때문에 내담동물보호자가 자신의 문제를 지나치게 주지화하는 경향을 초래하여 자신의 내면적 감정을 드러내지 않으려는 방어수단으로 이용될 수 있다.
④ 해석의 일반적 지침을 준수하고, 내담동물보호자의 감정과 태도를 충분히 살피고 다루어야 한다.

2장 단원정리문제

기본적인 상담기법

01 다음 면접의 기본방법으로 옳지 않은 것은?

① 경청　　　　　　② 개방형 질문
③ 반영　　　　　　④ 해석

> **해설** 상담에서 취하는 상담이론의 공통적으로 사용되는 기본적인 면담기법으로 경청, 개방형 질문, 바꾸어 말하기, 요약, 반영, 명료화, 직면, 해석 등이 포함된다.

02 다음 면접기법의 분류 중 지시적 면담법에 해당하는 것을 모두 고르시오

① 직면　　　　　　② 바꾸어 말하기
③ 해석　　　　　　④ 요약

> **해설** 면접기법의 분류에서 지시적(개입적) 면담법에는 동물행동상담사의 의견을 전달하는 것으로 직면, 해석이 있다.

03 동물행동상담자는 내담동물보호자의 말을 주목하여 듣고 있는 것을 전달하기 위한 자세가 아닌 것은?

① 자세 및 몸짓　　　② 질문
③ 언어　　　　　　④ 시선을 통한 접촉

> **해설** 경청에 대한 표현으로 시선을 통합 접촉, 자세 및 몸짓, 언어로 내담동물보호자의 말을 듣고 있음을 전달해야 한다.

정답　1 ④　2 ①,③　3 ②

04 다음 설명이 무엇을 의미하는지 고르시오.

> 동물행동상담사가 경청하고 있음을 전달해줄 뿐만 아니라, 내담동물보호자의 자기탐색을 촉진한다.

① 경청 ② 명료화 ③ 반영 ④ 질문

해설 중요한 사항에 대한 적절한 질문은 동물행동상담사가 경청하고 있음을 전달해줄 뿐만 아니라, 내담동물보호자의 자기탐색을 촉진한다.

05 다음 설명이 무엇을 의미하는지 고르시오.

> 내담동물보호자의 말 속에 내포되어 있는 뜻을 내담동물보호자에게 명확하게 전달하고, 실제 방응에서 나타난 감정이나 생각 속에 암시되었거나 내포된 관계와 의미를 보다 분명하게 말해주는 것이다.

① 경청 ② 명료화 ③ 반영 ④ 질문

해설 명료화는 내담동물보호자의 말 속에 내포되어 있는 뜻을 내담동물보호자에게 명확하게 전달하고, 실제 방응에서 나타난 감정이나 생각 속에 암시되었거나 내포된 관계와 의미를 보다 분명하게 말해주는 것이다.

06 내담동물보호자가 모르고 있거나 인정하기를 거부하는 생각과 느낌에 대해 주목하도록 하는 것은?

① 직면 ② 반영 ③ 해석 ④ 질문

해설 직면은 내담동물보호자가 모르고 있거나 인정하기를 거부하는 생각과 느낌에 대해 주목하도록 하는 동물행동상담사의 언급(또는 지적)이다.

07 모순과 불일치가 일어날 때는 내담동물보호자 내면의 갈등이나 양가감정의 유형으로 옳지 않은 것은?

① 말과 행동 간의 불일치
② 2가지 행동 간의 모순
③ 내담동물보호자가 이야기에 적극적으로 참여하여 의견을 제시
④ 내담동물보호자의 견해와 동물행동상담사 견해의 불일치

> **해설** 모순과 불일치가 일어날 때는 내담동물보호자 내면의 갈등이나 양가감정의 유형은 2가지 언어적 진술간의 모순, 말과 행동 간의 불일치, 2가지 행동 간의 모순, 2가지 감정 간의 불일치, 자기개념과 경험 사이의 불일치, 내담동물보호자의 견해와 동물행동상담사의 견해의 불일치, 내담동물보호자가 이야기하기를 피하는 화제나 받아들이지 않으려는 대안적인 의견, 생각이나 느낌이 있다.

08 다음 설명이 무엇을 의미하는지 고르시오.

| 내담동물보호자에게 어떤 의미를 전달하고자 하는 동물행동상담사의 시도 |

① 직면　　② 해석　　③ 반영　　④ 질문

> **해설** 해석은 내담동물보호자에게 어떤 의미를 전달하고자 하는 동물행동상담사의 시도뿐 아니라 여러 언행들 간의 관계 및 의미에 대한 가설을 제시하고 다른 각도에서 자기의 행동과 내면세계를 파악하게 하는 것으로 통찰로 이끄는 가장 직접적인 방법이다.

제 3 장 상담의 과정

1 면접

(1) 접수 면접

1) 정 의

① 내담동물보호자가 상담실을 방문하면 제일 먼저 이루어지는 것이 접수면접이다. 새로운 사람을 만나면 첫인상이 중요한 것처럼 상담에서 접수면접은 매우 중요하다.
② 내담동물보호자의 현재의 문제, 일반적인 삶의 상황, 대인관계상의 기능에 대한 정보를 수집하기 위해 내담동물보호자와 함께 작업하는 단 한 번의 만남이다.
③ 심한 정서장애가 있는 동물들과의 접수면접에서 흔히 사용되는 한 가지 구조화된 도구는 '정신상태 조사'이고, 이 조사는 현재의 행동과 인지 지능을 평가하는 구조화된 면접에 따라 이루어진다.

2) 평 가

접수면접에서 동물행동상담사는 내담동물보호자의 반려동물에 대한 특징을 파악한다. 즉 동물의 외모, 행동·심리동작활동, 동물행동상담사에 대한 태도, 정서와 기분, 짖음과 으르렁거림, 지각장애, 일상생활에서의 두드러진 장애 등을 평가한다.

3) 제한점

① 동물행동상담사와 내담동물보호자간에 신뢰와 협력관계가 발달할 시간도 없이 민감하고 고통스러운 정보를 논의해야 하는 것이다. 내담동물보호자는 정기적으로 만날 동물행동상담사가 선정되면 다시 자신의 이야기를 반복해서 해야 한다는 생각에 의해 움츠러들 수 있다.

② 직접적인 접수절차가 내담동물보호자에게 동물행동상담사가 질문하고 논의를 인도하기를 기다리는 것과 같은 수동적 역할이 적절한 것이라는 인상을 줄 수 있다.
③ 동물행동상담사는 내담동물보호자에게 효과적인 상담을 위한 상호관계에 관하여 교육시키고 그 과정에 내담동물보호자가 능동적으로 참여하도록 격려하는 책임을 추가로 가지게 된다.

4) 동물행동상담자의 태도

① 접수면접 동안 동물행동상담사는 적절한 적극적 경청기술을 사용하고 감정과 비언어적 행동에 주의함으로써 내담동물보호자를 가능한 편안하게 할 특별한 책임을 가지고 조심스럽게 동물의 문제를 탐색해야 한다.
② 접수면접에서 수집된 자료가 완전하거나 적절한 것이 아닐 수 있으므로 동물행동상담사는 접수면접에서 파악된 내용들을 재조사해야 한다.
③ 접수면접에서 내려지는 진단은 회기가 짧고 정보의 신뢰성이 확인되지 않았기 때문에 항상 잠정적인 것이다.

5) 접수면접에서 파악하는 주요한 정보

① 동물에 대한 기본정보
② 외모 및 행동
③ 호소 문제
④ 현재 및 최근의 주요 기능상태
⑤ 스트레스 원인

2 초기상담

(1) 상담의 진행과정

상담은 내담동물보호자와 처음 만났을 때부터 만남이 종결되기까지의 여러 번의 면접을 거치는 하나의 과정이다. 한 두 번의 면접으로 끝나든 20회 이상의 장기상담이든 상담에는 단계가 있다.

1) 초기 상담
    ① 주 호소 문제 탐색
    ② 관계 형성
    ③ 목표 설정 및 구조화

2) 중기 상담
    ① 문제 해결의 노력
    ② 자각과 합리적 사고의 촉진
    ③ 실천행동의 계획

3) 종결 상담
    ① 상담의 성과에 대한 평가 및 종결 : 종결은 주로 내담동물보호자와 동물행동상담사의 합의에 의하여 이루어진다. 내담동물보호자가 종결을 희망하더라도 아직 불충분하다는 판단이 들 경우에는 '잘 대처해 나가는지 서로 확인해보기 위해' 상담을 당분간 계속 하도록 권유하는 것이 바람직하다.
    ② 종결 무렵에는 2주일이나 3주일의 간격을 두고 만나는 것이 바람직하고 종결에 앞서 그동안 성취한 것들을 상담목표에 비추어 평가하거나 목표에 도달하지 못한 이유를 토의해야 한다. 종결 후 문제가 생기면 다시 찾아올 수 있다는 추수상담의 가능성을 제시한다.
    ③ 상담결과가 만족스럽지 못한 경우에는 상담과 동물행동상담자의 한계에 대해서 명백히 밝히고, 필요하면 다른 기관이나 다른 동물행동상담사에게 의뢰하는 것이 바람직하다.

(2) 첫 면접의 중요성

① 내담동물보호자는 첫 면접에서 어떤 소득을 기대하는가?
   - 상담에 대한 긍정적인 기대를 갖도록 하는 것이 중요하다.
   - 참 오기를 잘했다'라고 생각할 수 있다면 성공한 것이다.

② 동물행동상담사에 대한 인간적 · 전문적 신뢰 여부를 판단한다.
   - 저 사람 믿을만한 사람인가?, 상담을 받으면 효과는 있을까?

(3) 첫 면접의 목표

첫 면접에서는 두 가지 목표가 있다. 하나는 내담동물보호자로 하여금 자기가 말하고 싶은 것을 안심하고 이야기 할 수 있는 분위기를 조성하는 것이고, 다른 하나는 내담동물보호자로 하여금 동물행동상담사가 경청하고 있고, 그의 말을 이해하고 있음을 인식하도록 하는 것이다.

동물행동상담사는 첫 면접을 통해서 ① 내담동물보호자의 문제 및 배경요인을 탐색하고, ② 적절한 상담계획을 수립하고, ③ 상담에 대한 기대 및 동기를 형성해야 한다.

(4) 초기 상담의 단계

1) 상담관계의 준비 및 형성

① 화제의 유도
  ㉠ 상담 초기단계에서 내담동물보호자가 신뢰감이 생기지 않은 동물행동상담사에게 이야기하는 것은 어려운 일이다.
  ㉡ 동물행동상담자는 다음과 같은 선도적 반응을 통해서 내담동물보호자가 이야기를 시작하도록 도울 수 있다.
    - 제가 어떤 점을 도와드리면 좋겠습니까?, 무슨 이야기부터 하고 싶으십니까?

② 물리적 배치
  상담실은 가능한 편안한 분위기를 조성하도록 한다. 예) 의자, 테이블, 커튼 등

2) 호소 문제 탐색

① 내담동물보호자가 어려움을 겪고 있는 문제
② 상담에서 도움을 받았으면 하는 문제
③ 하필이면 왜 지금 여기에 찾아 왔는가?
④ 과거에 비슷한 문제는 없었는가?

3) 문제의 발생 배경 탐색

① 발생 시기 : 언제부터 그러한 문제가 발생했는가?
② 촉발사건
  - 그 시기에 관련된 사건이 있지 않았는가?
  - 어떻게 해서 그러한 문제가 생기게 되었는가?

③ 문제에 대한 대처 방식 : 문제에 대한 지각, 느낌, 대처행동 등
④ 문제 발달 과정 : 문제는 이후 어떻게 발달 되었는가
⑤ 현재 상태 : 지금은 그러한 문제가 어떠한 상태인가?

4) 동물의 성장배경 : 중요한 경험과 발달 상태 탐색

내담 동물의 종류와 품종에 따라 중요한 성장 월령에 맞는 발달 상태인지, 중요한 영향을 줄 수 있는 경험은 없었는지 확인한다.

5) 상담의 목표정하기

상담의 목표가 분명할수록 상담이 순조롭게 진행되므로 상담 초반기에 목표를 분명히 해야 한다. 상담의 최우선 목표는 내담동물보호자가 호소하는 문제의 해결이다.

① 1차적 목표

내담동물보호자가 상담을 받고자 하는 문제를 성공적으로 해결하여 내담동물보호자와 반려동물의 생활 적응을 돕는 것이 일차적 목표가 된다. 이런 의미에서 일차적 목표는 '증상 및 문제 해결적 목표'라고 불린다.

② 2차적 목표

내담동물의 성격을 재구조화하여 인간적 발달과 인격적 성숙을 이루는 것은 상담의 2차적 목표에 해당한다. 이런 의미에서 이차적 목표는 '성장촉진적 목표'라고 불린다.

6) 상담 목표 설정 시 고려 사항들

① 상담목표는 구체적이고 명확해야 한다
② 목표의 현실성
③ 문제의 축약

7) 구조화 : 상담의 진행방식의 합의

효율적인 상담진행을 위해 상담에서 내담동물보호자가 준수해야 할 일들과 상담의 기본적 진행방식 등에 대해 내담동물보호자에게 안내하거나 설명하는 행위이다.

① 상담기간 및 시간에 대한 협의
② 동물행동상담사 역할의 구조화
③ 내담동물보호자 역할의 구조화
④ 내담동물보호자 행동의 제한

(5) 촉진적 상담관계의 형성

1) 초기 상담의 목적 중에 내담동물보호자가 자신의 관심사를 자유롭게 말할 수 있도록 편안 하고 수용적인 분위기를 조성하는 것이다.

2) 상담의 진전과 성공에 영향을 주는 촉진적인 관계를 형성하는 요소로는 끊임없이 내담 동물보호자를 이해하려는 진지한 자세, 모든 것을 내담동물보호자 입장에서 생각해 보려는 내담동물보호자 중심적인 태도, 비난하거나 비판하기 보다는 존중하고 수용하는 허용적 자세, 어떤 가식도 하지 않는 진솔하고 솔직한 태도, 내담동물보호자를 도와주고자 하는 인간적 자세 등이다.

3) 상담 초기 좋은 관계가 형성될 때 성공적인 결과의 가능성이 증가한다.

(6) 동물행동상담사가 내담동물보호자의 이완을 촉진하고 억제를 감소시키는 방법

1) 동물행동상담사가 먼저 불편하지 않게 보여야 한다.
2) 경청하고 주목한다.
3) 내담동물보호자가 자유롭게 말하게 한다.

3 중기 단계

(1) 중기 상담의 특징

1) 상담 초기 단계의 끝 무렵부터 시작해서 상담의 목표가 어느 정도 달성되기까지의 전체 과정을 말한다.
2) 상담 초기에 계획한 상담목표를 해결하기 위한 구체적인 상담 작업이 이루어지는 시기로 문제 해결 단계라고도 한다. 다양한 상담 기법과 접근이 사용되는 상담의 핵심적 단계이다
3) 내담동물보호자가 호소하는 문제를 해결하기 위해 여러 상담기법이나 방법들을 사용한다.

(2) 과정적 목표의 설정 및 달성

초기 단계에서 설정되었던 상담의 목표를 달성하기 위해서는 그러한 목표에 도달하

기까지 어떤 중간 지점을 지나야 하는데 그러한 중간 지점을 상담의 과정적 목표라고 한다.

⇒ 1) 상담목표 : 학업성적 올리기
   2) 과정적 목표 :
      ① 학업에 대한 동기 고취
      ② 효율적인 학습방법 익히기
      ③ 학업 방해 요인에 대한 통제 능력 획득
        예) 놀자고 하는 친구들의 유혹, 컴퓨터 게임, TV시청

4 종결 단계

(1) 종결은 언제 하는가?

내담동물보호자의 인간적 성장은 어느 한 시점에서 끝나는 것이 아니고 끊임없이 계속되는 과정이다. 따라서 어떠한 상담사례도 '이제는 필요 없다'거나 '완전히 해결됐다'는 의미로는 종결될 수 없다. 종결에는 성공적 상담종결, 비성공적 상담 종결, 상담관계의 한계로 인한 종결이 있다.

1) 성공적 상담종결

내담동물보호자가 원했던 변화가 일어나게 되면 상담이 종결된다. 즉, 우울과 외로움이 상담에서 해결하고자 했던 문제라면. 우울과 외로움이 현저히 완화되었을 때 상담이 종결되는 것이다.

2) 비성공적 상담종결

모든 상담이 성공적으로 종결되는 것은 아니다. 동물행동상담사의 전문적인 노력에도 불구하고 초기에 설정했던 목표달성에 실패하는 경우도 있고. 내담동물보호자가 상담이 도움이 되지 않는다고 생각하고 상담을 거부하는 경우도 있는데 이 경우 비성공적 상담종결에 해당된다.

3) 상담관계의 한계

내담동물보호자 및 동물행동상담사의 사정, 경제적 여건, 시간적 여건 등으로 상담을 더 이상 지속하지 못하는 것이다.

(2) 종결 계획하기

1) 상담 초기부터 치료목표와 함께 어느 정도 상담이 지속될 것인지 내담동물보호자에게 종결 시점을 미리 이야기해야 한다.
2) 초기 상담목표의 달성에 대해 내담동물보호자가 스스로 지속시켜 나갈 수 있다고 판단될 때에는 상담을 종결해야 한다.
3) 상담을 종결할 때에는 치료과정에서의 경험을 요약, 상담성과를 확인, 치료목표와 과정을 점검해야 한다.
4) 종결 이후 내담동물보호자가 변화를 어떻게 지속시켜 나갈 것인지 다루어져야 한다.

(3) 종결의 의미

1) 심리적 재탄생으로서의 종결
상담을 통해 문제를 해결하고 삶에 대한 용기와 자유를 회복하게 되는 것이다.

2) 타협 형성으로서의 종결
내담동물보호자나 동물행동상담사가 더 이상 상담을 지속하기 어려울 때 종결하는 것이다.

3) 성과 다지기로서의 종결
① 종결은 급격히 이루어지기보다 일정한 과정을 거쳐 서서히 이루어지는 것이 바람직하다.
② 종결 3~5회기 전에 종결 날짜를 언급하고 준비해야 한다.
③ 회기의 시간간격을 점진적으로 늘려가는 것이 좋다.

(4) 성공적인 종결의 조건

1) 문제 증상의 완화
내담동물보호자의 호소 문제를 해결하는 것이 중요하다.

2) 현실 적응력의 증진
문제증상 완화 뿐 아니라 현실생활을 제대로 하기 위한 능력을 갖추도록 해야 하고, 관계 개선을 통해 사회적 지지자원을 확보하는 것이 중요하다.

3) 성격 기능의 변화

스트레스 자극에 효과적으로 대처할 수 있는 성격 기능을 증진시키는 것이 중요하다.

(5) 종결할 때 다루어져야 할 내용

1) 상담에 대한 평가
① 내담동물보호자가 상담 초기에 어떠한 상태였고 무엇을 도움받기 바랬나?
② 상담 초기에 비해 무엇을 배우고 나아졌는가?, 가장 도움 받은 것은 무엇인가?
③ 무엇을 배웠는가? 무엇을 변화해갔는가?
④ 현재 남아있는 문제들은 무엇이 있는가?
⑤ 평가도구 : 동물행동체크리스트, 회기별 평가

2) 종결에 대한 감정 다루기
① 내담동물보호자들은 대부분 자신이 상담을 종결할 준비가 되어 있는지에 대해 확신을 가지지 못하는 경우가 많다.
② 상담을 통해 변화된 것을 알고 있기는 하지만 종결 후 동물행동상담사의 도움을 받지 않은 상태에서 다시 문제가 재발할지 모른다는 불안감을 느끼기 때문에 불안을 충분히 다루고 상담으로 학습한 사고, 행동에 대해 재확인하고 스스로에 대한 자신감을 가질 수 있도록 안내해야 한다.
② 동물행동상담자 또한 내담동물보호자의 상담관계 종결에 대한 감정을 충분히 살펴보고 내담동물보호자에게 부정적인 영향을 주지 않도록 유의하면서 표현할 수 있다.

3) 종결 후 상담효과를 지속시키기
상담효과를 지속시키기 위해서는 상담을 통해 얻은 행동들을 삶에서 어떻게 유지시켜 나갈 것인가를 내담동물보호자에게 묻고 대처 방법에 대해 미리 논의한다.
① 종결 후 내담동물보호자에게 닥칠 어려운 상황들을 미리 예견해보고 그러한 상황을 어떻게 다루겠는가?
② 상담효과가 오래 유지되지 못하고 이전으로 돌아간다면 어떻게 하겠는가?
　㉠ 어떻게 대처할 것인지 내담동물보호자에게 묻는다. 동물행동상담사와 함께 대처 방법에 대해 미리 논의한다.

ⓛ 면역력 증진(자원 및 장점, 대처 방법 재확인)방법, 문제행동 예방방법에 대하여 논의한다.
③ 동물행동상담자의 역할을 내담동물보호자가 자신에게 할 수 있도록 대안적인 생각 및 행동을 탐색하도록 안내해주고, 수용해 주고 지지해준다.
④ 종결되더라도 동물행동상담자가 어떤 방식으로든 도움을 줄 의사가 있음을 전달한다.
　즉, '힘든 상황에서 스스로 해결하도록 최선을 다해보세요. 그럼에도 불구하고 도저히 어려운 경우에 부딪힐 때는 제게 연락을 하셔도 좋습니다.'라고 설명해주고 내담동물보호자의 연락처, 이메일 주소 등을 확인한다.

4) 추후 면접계획
① 보통 상담을 종결한 후 일정 기간(한 달 또는 3개월)이 지난 후 전화나 면담을 통해 이루어진다.
② 상담 효과를 종결 이후에 재평가하고 종결 후에도 유지될 수 있도록 하기 위해서이다.
③ 상담 종결 시 내담동물보호자에게 추후 면접이 있음을 안내하여 동의를 구해야 한다.
④ 내담동물보호자에게 상담효과를 유지시키려는 노력을 하도록 강화하는 역할을 한다.

5) 성공적인 상담의 기준설정과 과정의 주의점
① 내담동물보호자가 일반화하거나 분명히 의식하지 못하는 문제를 동물행동상담사가 행동적 차원에서 구체화시켜야 한다.
② 내담동물보호자가 제시하는 문제 영역 중에서 가장 중요하면서도 성취 가능한 목표를 중심으로 기준을 설정해야 한다.
③ 내담동물보호자에게 너무 계량적 분석의 인상을 주지 않으면서도 동물행동상담사의 접근 방식은 '언제, 누구와 어디서 어떻게 하여 어떤 결과로 나타났고 결과를 어떻게 받아들이는가?'식의 이른바 6하 원칙에 따르는 것이 바람직하다.

3장 단원정리문제

상담의 과정

01 다음 면접의 정의가 아닌 것은?

① 내담동물보호자가 모르고 있는 과거와 현재의 연관성, 행동과 감정 간의 유사점 및 차이점 등을 지적하고 그것에 주목하도록 하는 것이다.
② 내담 동물보호자가 방문하면 제일 먼저 이루어지는 것
③ 내담동물보호자의 현재의 문제, 일반적인 삶의 상황, 대인관계상의 기능에 대한 정보를 수집을 위한 작업
④ 정신상태 조사를 통해 행동과 인지 능을 평가

> **해설** 내담동물보호자가 상담실을 방문하면 제일 먼저 이루어지는 것이 접수면접이다. 새로운 사람을 만나면 첫인상이 중요한 것처럼 상담에서 접수면접은 매우 중요하다.

02 다음 면접 시 동물행동상담사의 태도로 옳지 않은 것은?

① 경청하고 감정과 비언어적 행동에 주의하고 내담동물보호자를 편안하게 할 책임을 가지고 동물의 문제를 탐색해야한다.
② 접수면접에서 정보를 통해 내려지는 진단은 항상 신뢰해야 한다.
③ 접수면접에서 수집된 자료가 완전하거나 적절한 것이 아닐 수 있으므로 동물행동상담사는 접수면접에서 파악된 내용들을 재조사해야 한다.
④ 접수면접에서 내려지는 진단은 회기가 짧고 정보의 신뢰성이 확인되지 않았기 때문에 항상 잠정적인 것이다.

> **해설** 접수면접 동안 동물행동상담사는 적절한 적극적 경청기술을 사용하고 감정과 비언어적 행동에 주의함으로써 내담동물보호자를 가능한 편안하게 할 특별한 책임을 가지고 조심스럽게 동물의 문제를 탐색해야 하고, 접수면접에서 수집된 자료가 완전하거나 적절한 것이 아닐 수 있으므로 동물행동상담자는 접수면접에서 파악된 내용들을 재조사해야 한다. 접수면접에서 내려지는 진단은 회기가 짧고 정보의 신뢰성이 확인되지 않았기 때문에 항상 잠정적인 것이다.

03 다음 접수면접에서 파악하는 정보가 아닌 것은?

① 동물에 대한 기본정도
② 스트레스 원인
③ 호소 문제
④ 수면 시간

> **해설** 접수면접에서 파악하는 주요한 정보는 동물에 대한 기본정보, 외모 및 행동, 호소문제, 현재 및 최근의주요 기능상태, 스트레스 원인이다.

04 다음 첫 면접의 목표가 아닌 것은?

① 내담동물보호자의 문제 및 배경요인 탐색
② 적절한 상담 계획 수립
③ 동물행동상담사의 인간적·전문적 신뢰 여부 판단
④ 상담에 대한 기대 및 동기 형성

> **해설** 동물행동상담사는 첫 면접을 통해서 ① 내담동물보호자의 문제 및 배경요인을 탐색하고, ② 적절한 상담계획을 수립하고, ③ 상담에 대한 기대 및 동기를 형성해야 한다.

05 다음 내담동물보호자가 호소하는 촉발 요인으로 옳지 않은 것은?

① 내담동물보호자의 새로운 인간관계 형성
② 내담동물보호자가 어려움을 격고 있는 문제
③ 하필이면 왜 지금 여기에 찾아 왔는가?
④ 상담에서 도움을 받았으면 하는 문제

> **해설** 호소문제 탐색은 '내담동물보호자가 어려움을 겪고 있는 문제, 상담에서 도움을 받았으면 하는 문제, 하필이면 왜 지금 여기에 찾아 왔는가?' 등의 촉발요인이 있다.

정답 1① 2② 3④ 4③ 5①

06 다음 내담동물보호자 역할의 구조화에 대해 옳지 않은 것은?

① 내담동물보호자의 행동의 제한
② 자발적 참여
③ 촉진적 상담관계 형성
④ 상담과 동물행동상담사에 대한 합리적 기대

> **해설** 내담동물보호자 역할의 구조화는 자발적 참여, 상담과 동물행동상담사에 대한 합리적 기대, 내담동물보호자의 행동의 제한 등이 있다.

07 다음 상담의 종결의 의미로 옳지 않은 것은?

① 심리적 재탄생으로서의 종결
② 현실 적응력 증진
③ 타협 형성으로서의 종결
④ 성과 다지기로서의 종결

> **해설** 종결의 의미는 심리적 재탄생으로서의 종결, 타협 형성으로서의 종결, 성과 다지기로서의 종결 등이 있다.

제 4 장 상담윤리

1 전문가로서의 태도

(1) 전문가로서의 태도

1) 전문적 능력

① 자신의 교육, 수련, 경험 등에 의해 준비된 범위에서 전문적인 서비스와 교육을 제시한다. 자신의 능력의 한계를 인정하고 교육이나 훈련, 경험을 통해 자격이 주어진 상담 활동만을 한다.
② 자신이 가진 능력 이상의 것을 주장하거나 암시해서는 안 되며, 타인에 의해 능력이나 자격이 오도되었을 때에는 수정해야 한다.
③ 자신의 활동 분야에 있어서 최신의 과학적이고 전문적인 정보와 지식을 유지하기 위해 지속적인 교육과 연수의 필요성을 인식하고 참여한다.
④ 동물행동상담사는 내담동물보호자의 권리 및 동물행동상담사 자신의 상담에 대한 윤리관의 중요성을 충분히 인식하고 있어야 한다. 또한 어떤 경우에라도 내담동물보호자의 인간으로서의 가치는 존중받고 보호되어야 한다.

2) 성실성

① 자신의 신념체계, 가치, 제한점 등이 상담에 미칠 영향력을 자각하고, 내담동물보호자에게 상담의 목표, 기법, 한계점, 위험성, 상담의 이점, 자신의 감정과 제한점, 심리검사와 보고서의 목적과 용도, 상담료, 상담료 지불방법 등을 명확히 알린다.
② 능력의 한계나 개인적 문제로 내담동물보호자를 적절히 도와줄 수 없을 때에는 상담을 시작해서는 안 되며, 다른 동물행동상담사나 정신건강 전문가에게 의뢰하는 등 내담동물보호자를 도와줄 수 있는 방법을 강구한다.

③ 동물행동상담사의 질병, 죽음, 이동, 또는 내담동물보호자의 이동이나 재정적 한계 등과 같은 요인에 의해 상담이 중단될 경우에 대한 적절한 조치를 취해야 한다.
④ 상담을 종결하는 데 있어서 어떤 이유보다도 우선적으로 내담동물보호자의 관점과 요구에 대해 논의해야 하며 내담동물보호자가 다른 전문가를 필요로 할 경우에는 적절한 과정을 거쳐서 의뢰한다.
⑤ 동물행동상담사는 내담동물보호자와 새로운 상담관계를 시작하기 전에 상담의 목적과 목표, 상담에서 사용되는 기법, 상담에서 서로 지켜야 할 규칙들, 그리고 상담관계에 영향을 미칠 수 있는 여러 가지 가능한 제한점들에 대해 내담동물보호자에게 미리 알려주어야 한다.
⑥ 상담관계를 결정하는데 미치는 요인을 미리 알려야 한다.
동물행동상담사는 예비내담동물보호자에게 상담을 시작하려는 내담동물보호자의 결정에 영향을 미칠 수 있는 상담관계의 주요 측면들에 대해 미리 알려 주어야 한다.

(2) 상담 성과와 관련된 윤리 문제

1) 내담동물보호자가 도움을 받지 못할 때
① 내담동물보호자가 상담관계로부터 별다른 이익을 얻지 못한다는 것이 확실하다면 상담관계를 종결하도록 시도하고, 내담동물보호자와 상의 하에 도움을 줄 수 있는 다른 전문가에게 의뢰하는 등의 조치를 취한다.
② 동물행동상담사는 우선 내담동물보호자에 대한 책임이 있다.
③ 내담동물보호자가 호소하는 문제들을 해결함으로써 내담동물보호자의 복리를 증진시켜야 할 의무가 있다.

2) 내담동물보호자가 진전이 없는데도 종결을 거부할 때
내담동물보호자가 상담시간에 꼬박꼬박 오기는 하지만 상담에서 이야기할 것이 정말 없거나, 동물행동변화를 위한 내담동물보호자의 태도 변화를 위해 노력하려는 태도가 안 보이는 내담동물의 내담동물보호자의 경우에는 변화를 시도할 수 있도록 동물행동상담사가 여러 차례 개입하였지만 별다른 반응을 보이지 않는다면 동물행동상담사는 내담동물보호자 상담을 종결하여야한다.

3) 더 이상 상담을 유지하기 어려운 기관에 있을 때

　① 내담동물보호자가 동의하면 긴밀한 협조관계를 유지해야 한다.
　② 내담동물보호자가 거절하면 내담동물보호자가 상담을 지속하는 데서 생길 수 있는 문제들, 중단했을 때의 문제들, 처한 현실, 동물행동상담사 자신의 한계 등을 충분히 숙고하고 내담동물보호자와 다루어야 한다.

2 상담 관계

(1) 사회적 책임

1) 사회와의 관계

　① 상담비용을 책정할 때 내담동물보호자의 재정 상태와 지역성을 고려해야 한다. 책정된 상담료가 내담동물보호자에게 적절하지 않을 때에는 가능한 비용에 적합한 서비스를 받을 수 있는 방법을 찾아줌으로써 내담동물보호자를 돕는다.
　② 상담전문가가 되기 위해 수련하는 학회 회원에게는 상담료나 교육비 책정에 있어서 특별한 배려를 한다.

2) 고용기관과의 관계

　① 자신이 종사하는 기관의 목적과 방침에 공헌할 수 있는 활동을 할 책임이 있다. 만일 자신의 전문적 활동이 기관의 목적과 모순되고, 직무수행에서 갈등이 해소되지 않을 때에는 기관과의 관계를 종결해야 한다.
　② 근무기관의 관리자 및 동료들과의 관계를 통해서 상담업무, 비밀보장, 공적 자료와 개인 자료의 구별, 기록된 정보의 보관과 처분, 업무량, 책임에 대한 상호 간의 동의가 이루어져야 한다. 이러한 동의는 구체적이어야 하며, 관련된 모든 사람이 알고 있어야 한다.

3) 상담기관 운영자

　① 상담기관 운영자는 다음 목록을 작성해 두어야 한다. 기관에 소속된 동물행동상담사의 증명서나 자격증은 최고 수준의 것으로 하고, 자격증의 유형, 주소, 연락처, 직무시간, 상담의 유형과 종류, 그와 관련된 다른 정보 등이 정확하게 기록되어야 한다.

② 상담을 홍보하고자 할 때는 일반인들에게 상담의 전문적 활동, 전문지식, 활용할 수 있는 상담기술 등을 정확하게 알려주어야 한다.

4) 다른 전문직과의 관계

① 자신의 방식과 다른 전문적 상담 접근을 존중해야 한다. 동물행동상담사는 함께 일하는 다른 전문적 집단의 전통과 실제를 알고 이해해야 한다.
② 공적인 자리에서 개인 의견을 말할 경우, 동물행동상담자는 그것이 자신의 관점에서 나온 것이고, 모든 동물행동상담자의 견해를 대변하는 것이 아님을 분명히 해야 한다.
③ 내담동물보호자가 다른 기관의 서비스를 받고 있음을 알게 되면, 내담동물보호자의 동의 하에 상담 사실을 그 기관의 동물행동상담사에게 알리고 긍정적이고 협력적인 치료관계를 맺도록 노력한다.

5) 자 문

① 자문
개인, 집단, 사회단체가 전문적인 조력자의 도움이 필요하여 요청한 자발적인 관계를 말하는데, 동물행동상담사는 자문을 요청한 내담동물보호자나 기관의 문제 혹은 잠재된 문제를 규명하고 해결하는 데 도움을 준다.
② 자문 관계
내담동물보호자가 스스로 성장해 나가도록 격려하고 고양하는 것이어야 한다. 동물행동상담사는 이러한 역할을 일관성 있게 유지해야 하고, 내담동물보호자가 스스로의 의사 결정자가 되도록 도와주어야 한다.

(2) 인간권리와 존엄성에 대한 존중

1) 내담동물보호자 복지

① 내담동물보호자의 잠재력을 개발하여 건강한 삶을 영위하도록 도움을 주며, 어떤 방식으로도 해를 끼치지 않는다. 내담동물보호자로 하여금 의존적인 상담관계를 형성하지 않도록 노력하여야 한다.
② 동물행동상담사는 상담관계에서 오는 친밀성과 책임감을 인식하고, 개인적 욕구충족을 위해서 내담동물보호자를 희생시켜서는 안 된다.
㉠ 내담동물보호자에 대한 개인적 욕구와 영향력을 충분히 자각하고 있어야 한다.

ⓒ 내담동물보호자의 신뢰와 의존을 동물행동상담자 자신을 위해 이용해선 안 된다.

2) 내담동물보호자의 권리

① 내담동물보호자는 비밀유지를 기대할 권리가 있고 자신의 사례기록에 대한 정보를 가질 권리가 있으며, 상담계획에 참여할 권리, 어떤 서비스에 대해서는 거절할 권리, 거절에 따른 결과에 대해 조언을 받을 권리 등이 있다.
② 내담동물보호자에게 상담에 참여 여부를 선택할 자유와 어떤 전문가와 상담할 것인가를 결정할 자유를 주어야 한다. 내담동물보호자의 선택을 제한하는 제한점은 내담동물보호자에게 모두 설명해야 한다.
③ 반려동물은 자발적인 동의를 할 수 없으므로 내담동물보호자가 상담의 대리인이다. 이때 내담동물보호자의 복지를 염두에 두고 동물행동상담사는 상담요금과 상담행동에 대한 책임감 있는 행동을 해야 한다.

(3) 상담관계

1) 이중 관계

① 객관성과 전문적인 판단에 영향을 미칠 수 있는 이중관계는 피해야 한다. 가까운 친구나 친인척 등을 내담동물보호자로 받아들이면 이중관계가 되어 전문적 상담의 성과를 기대할 수 없으므로 다른 전문가에게 의뢰하여 도움을 준다.
② 상담할 때에 내담동물보호자와 상담 이외의 다른 관계가 있다면, 특히 자신이 내담동물보호자의 상사이거나 지도교수 혹은 평가를 해야 하는 입장에 놓인 경우라면 내담동물보호자를 다른 전문가에게 의뢰한다.
그러나 다른 대안이 불가능하고 내담동물보호자의 상황을 판단해 볼 때 상담관계 형성이 가능하다고 여겨지면 상담관계를 유지할 수 있다. 그러나 상담 외 관계로 인해 상담관계에서 부당한 영향력을 내담동물보호자에게 행사할 위험성이 있다.
③ 특별한 경우를 제외하고는 내담동물보호자와 상담실 밖에서 사적인 관계를 유지하지 않도록 한다.
④ 내담동물보호자와의 관계에서 상담료 이외의 어떠한 금전적·물질적 거래관계도 맺어서는 안 된다.

2) 성적 관계

① 내담동물보호자와 어떠한 종류이든 성적(애정)관계는 피해야 한다. 내담동물보호자는 도움받기 위해 온 사람이고 동물행동상담자는 전문적 도움을 주는 위치에 있기 때문에 기능상 동물행동상담사는 상담에서 내담동물보호자보다 우월한 위치에 있다.

② 이전에 성적인 관계를 가졌던 사람을 내담자로 받아들이지 않는다.

③ 상담관계가 종결된 이후 최소 2년 내에는 내담동물보호자와 성적 관계를 맺지 않는다. 상담 종결 이후 2년이 지난 후에 내담동물보호자와 성적 관계를 맺게 되는 경우에도 동물행동상담사는 이 관계가 착취적인 특성이 없다는 것을 철저하게 검증해야 한다.

④ 애정적인 관심은 치료적 맥락에서 처리되어야 할 문제이기 때문에 애정적인 관심과 둘 간의 애정적인 관계는 구분해야 한다.

⑤ 자신의 힘으로 해결할 수 없다면 다른 전문가의 도움을 받거나 상담관계를 종결해야 한다.

3) 여러 명의 내담동물보호자와의 관계

① 서로 관계를 맺고 있는 둘 혹은 그 이상의 내담동물보호자들(예: 남편과 아내, 부모와 자녀)에게 상담을 제공할 것을 동의할 경우, 누가 내담동물보호자이며 각 사람과 어떠한 관계를 맺게 될지 그 특성에 대해 명확히 하고 상담을 시작해야 한다.

② 동물행동상담사로 하여금 잠재적으로 상충되는 역할을 수행하도록 요구한다면, 그 역할에 대해 명확히 하거나 조정하거나 그 역할로부터 벗어나도록 한다.

3 비밀 보장

(1) 정보의 보호

1) 사생활과 비밀보호

① 사생활과 비밀유지에 대한 내담동물보호자의 권리를 최대한 존중해야 할 의무가 있다. 비밀보장이 된다는 조건하에 얻어진 정보로 상담에서 내담동물보호자의 정보는 일종의 위임된 비밀정보이다.

② 내담동물보호자의 사생활 침해를 최소화하기 위해서 문서 및 구두상의 보고나 자문 등에서 실제 의사소통된 정보만을 포함시킨다.
③ 내담동물보호자가 상담에서 자신이 말한 내용에 대한 비밀이 지켜지지 않을지도 모른다는 생각을 가지고 있다면 순조로운 상담의 진행은 불가능해질 것이다.
④ 동물행동상담사는 상담에서의 비밀보장을 내담동물보호자에게 약속해야 한다. 내담동물보호자의 사생활에 대한 관심을 지니거나 묻지 않는다. 또한 우연히 알게 되었더라도 상담소내의 직원들 혹은 다른 내담동물보호자에게 전하지 않는다.

2) 기 록

① 법, 규제 혹은 제도적 절차에 따라 상담자는 내담동물보호자에게 전문적인 서비스를 제공하기 위해서 반드시 기록을 보존한다.
② 녹음 및 기록에 관해 내담동물보호자의 동의를 구한다.
③ 면접기록, 심리검사자료, 편지, 녹음테이프, 기타 문서기록 등 상담과 관련된 기록들이 내담동물보호자를 위해 보존된다는 것을 인식하며 상담기록의 안전과 비밀보호에 책임진다.
④ 기록과 자료에 대한 비밀보호가 자신의 죽음, 능력상실, 자격박탈 등의 경우에도 보호될 수 있도록 미리 계획을 세운다.
⑤ 상담기관이나 연구단체는 상담기록 및 보관에 관한 규정을 작성해야 하며, 그렇지 않을 경우 상담기록은 동물행동상담자가 속해 있는 기관이나 연구단체의 기록으로 간주한다. 내담동물보호자가 기록에 대한 열람이나 복사를 요구할 경우, 그 기록이 내담동물보호자에게 잘못 이해될 가능성이 없고 내담동물보호자에게 해가 되지 않으면 응하는 것이 원칙이다.
⑥ 상담과 관련된 기록을 보관하고 처리하는 데 있어서 비밀을 보호해야 하며, 이를 타인에게 공개할 때에는 내담동물보호자의 직접적인 동의가 있을 때에만 가능하다.

3) 비밀보호의 한계

① 내담동물보호자의 생명이나 사회의 안전을 위협하는 경우가 발생했을 때, 내담동물보호자의 동의 없이도 내담동물보호자에 대한 정보를 관련 전문인이나 사회에 알릴 수 있다. 이런 경우 상담시작 전에 이러한 비밀보호의 한계를 알려준다. '자신이나 타인에 대한 심각한 위해'에 대해 동물행동상담사가 적절한 판단을 내리기란 생각보다 간단하지 않다.

② 법적으로 정보공개가 요구될 때에는 비밀보호원칙에서 예외지만, 법원이 내담동물보호자의 허락 없이 사적인 정보를 밝힐 것을 요구할 경우, 내담동물보호자와의 관계를 해칠 수 있기 때문에 정보를 요구하지 말 것을 법원에 요청한다.
③ 사적인 정보의 공개를 요구하는 상황에서는 오직 기본적인 정보만을 밝힌다. 더 많은 사항을 밝히기 위해서는 사적인 정보의 공개에 앞서 내담동물보호자에게 알린다.
④ 상담시작과 과정 중에 내담동물보호자에게 비밀보호의 한계를 알리고 비밀보호가 불이행되는 상황에 대해 인식시킨다.

4) 기타 목적을 위한 내담동물보호자 정보의 이용

① 교육이나 연구 또는 출판을 목적으로 상담관계로부터 얻어진 자료를 사용할 때는 내담동물보호자의 동의를 구해야 하며, 각 개인의 익명성이 보장되도록 자료변형 및 신상정보의 삭제와 같은 적절한 조치를 취하여 내담동물보호자의 신상에 피해를 주지 않도록 한다.
② 다른 상담소의 전문가의 자문을 구할 경우, 상담사는 사전에 내담동물보호자의 동의를 구해야 하며, 적절한 조치를 통해 내담동물보호자의 사생활과 비밀을 보호하도록 노력한다.

(2) 동물행동심리검사

1) 기본사항

① 검사결과에 따른 상담사들의 해석 및 권유의 근거에 대한 내담동물보호자의 알 권리를 존중한다.
② 규정된 전문적 관계 안에서만 평가·진단·서비스 혹은 개입을 한다.
③ 동물행동상담사의 평가, 추천, 보고, 심리적 진단이나 평가진술은 적절한 증거제공이 가능한 정보와 기술에 바탕을 둔다.

2) 사전 동의

① 평가 전에 내담동물보호자의 동의를 미리 구하지 않았다면, 평가의 특성과 목적, 결과의 구체적인 사용에 대해 내담동물보호자가 이해할 수 있는 말로 설명해야 한다. 채점이나 해석이 동물행동상담자나 보조원에 의해서 이루어지든, 아니면 컴퓨터나 기타 외부 서비스 기관에 의해 이루어지든지, 동물행동상담

자는 내담동물보호자에게 적절한 설명을 하도록 조치를 취해야 한다.
② 어떤 개인 혹은 집단 검사 결과를 제공할 때 정확하고 적절한 해석을 함께 제공하여야 한다.

3) 유능한 전문가에게 정보 공개하기

① 검사결과나 해석을 포함한 평가결과를 오용해서는 안 되며, 다른 사람들의 오용을 막기 위한 적절한 조치를 취한다.
② 특별한 경우를 제외하고는, 내담동물보호자나 내담동물보호자가 위임한 법적 대리인의 동의가 있을 경우에만 내담동물보호자의 신분이 드러날 만한 자료를 공개한다(예: 계약서, 상담이나 인터뷰 기록, 설문지). 자료를 해석할 만한 능력이 있다고 동물행동상담사가 인정하는 전문가에게만 공개되어야 한다.

(3) 윤리문제 해결(윤리문제에 위반되는 경우)

1) 윤리적으로 행동하는지에 대한 의구심을 유발하는 근거가 있을 때 윤리위원회는 적절한 조치를 취할 수 있다.
2) 특정 상황이나 조치가 윤리강령에 위반되는지 불분명한 경우, 상담사는 윤리강령에 대해 지식이 있는 다른 동물행동상담자, 자문자 및 윤리위원회의 자문을 구한다.
3) 소속 기관 및 단체와 본 윤리강령 간에 갈등이 있을 경우, 갈등의 본질을 명확히 하고 소속기관 및 단체에 윤리강령을 알려서 이를 준수하는 방향으로 해결책을 찾도록 한다.

(4) 동물행동상담사의 윤리문제에 대한 몇 가지 지침들

상담에서의 윤리문제에 대한 몇 가지 지침들을 제시하고자 하나 이 지침들이 절대적인 것은 아니다. 실제 상담 장면에 적용하기 위해선 각 동물행동상담사마다 이 지침들에 대한 충분한 숙고와 검토가 있어야 한다.

1) 동물행동상담사는 자신이 어떠한 개인적 욕구를 가지고 있는지, 상담을 통해 자신이 얻는 바가 무엇인지, 자신의 욕구와 행동이 내담동물보호자에게 어떠한 영향을 미치는지를 분명히 자각하고 있어야 한다.
2) 동물행동상담사는 자신이 소속한 기관이나 조직에서 채택하고 있는 윤리적 규준들에 대해 알고 있어야 하지만, 그러한 규준들을 실제 상담에 적용시키는 것은 다

름 아닌 자신이며, 따라서 동물행동상담사 자신의 독자적인 판단이 중요하다는 점을 인식하고 있어야 한다. 또한 동물행동상담사는 많은 문제들에는 분명한 대답이 없을 수 있으며 적절한 대답을 찾는 책임이 자신에게 있음을 알고 있어야 한다.

3) 동물행동상담사에게는 내담동물보호자의 복리에 대한 책임이 있으며, 내담동물보호자를 자신의 욕구를 충족시키기 위해 이용하는 일이 있어서는 안 된다.

4) 동물행동상담사는 치료적 관계를 명백히 해칠 수 있는 내담동물보호자와의 어떠한 다른 관계를 가져서는 안 된다.

5) 동물행동상담사에게는 내담동물보호자의 비밀에 대한 보장과 상담관계에 부정적인 영향을 미칠 수 있는 다른 문제들에 대해서도 내담동물보호자에게 알려 줄 책임이 있다.

6) 동물행동상담사는 자신의 가치관, 태도 등을 자각하고 있어야 하며, 이러한 가치와 태도가 상담관계 및 내담동물보호자에게 어떠한 영향을 미치는지를 인식하고 있어야 한다.

7) 동물행동상담사는 상담의 목표, 기법 및 절차, 상담관계를 시작함으로써 내담동물보호자에게 닥칠지도 모르는 위험과 내담동물보호자가 상담을 시작하려는 결정을 내리기 전에 고려해야 할 다른 요인들에 대해서도 미리 내담동물보호자에게 알려 주어야 한다.

8) 동물행동상담사는 자신이 제공할 수 있는 전문적인 도움의 한계를 잘 알고 있어야 하며, 내담동물보호자에게 적절한 도움을 주지 못하고 있다는 판단이 내려질 때에는 지도감독자의 도움을 받거나 내담동물보호자가 다른 동물행동상담사에게 상담을 받을 수 있도록 의뢰해야 한다.

9) 동물행동상담사는 상담과정에서 자신이 내담동물보호자에게 모델이 될 수도 있다는 점을 알아야 하며, 내담동물보호자에게 영향을 미칠 수 있는 일이나 행동을 인식하고 있어야 한다.

4장 단원정리문제

상담윤리

01 다음 상담윤리에서 상담사가 준수해야 할 태도로 옳지 않은 것은?

① 전문가로서 교육, 수련, 경험 등에 준비된 범위에서 서비스와 교육 제시
② 전문가로서 자신이 가진 능력 이상의 것을 주장하고, 타인에 의해 능력이나 자격이 오도되어도 된다.
③ 내담동물보호자의 권리 및 동물행동상담사의 상담에 대한 윤리관의 중요성을 충분히 인식한다.
④ 자신의 신념체계, 가치, 제한점 등이 상담에 미칠 영향력을 자각한다.

> **해설** 자신이 가진 능력 이상의 것을 주장하거나 암시해서는 안 되며, 타인에 의해 능력이나 자격이 오도되었을 때에는 수정해야 한다.

02 다음 바람직한 상담관계의 사회적 책임 조건이 옳지 않은 것은?

① 사회와의 관계
② 고용기관과의 관계
③ 상담기관 운영자
④ 여러 명의 내담동물보호자와의 관계

> **해설** 사회적 책임 조건은 사회와의 관계, 고용기관과의 관계, 상담기관 운영자, 다른 전문직과의 관계, 자문이 있다.

03 다음 정보의 보호에서 사생활과 비밀보호와 관련 없는 것은?

① 내담동물보호자의 사생활에 대한 관심을 갖고 적극적으로 물어보아야 한다.
② 내담동물보호자의 사생활 침해를 최소화하기 위해서 문서 및 구두상의 보고나 자문 등에서 의사소통된 정보만 포함한다.
③ 사생활과 비밀유지에 대한 내담동물보호자의 권리를 존중할 의무가 있다.
④ 동물행동상담사는 상담에서의 비밀보장을 내담 동물보호자에게 약속해야한다.

정답 1 ② 2 ③

> **해설** 내담동물보호자의 사생활에 대한 관심을 지니거나 묻지 않는다. 우연히 알게 되었더라도 상담소 내의 직원들 혹은 다른 내담동물보호자에게 전하지 않는다.

04 다음 비밀보호의 한계 범위로 옳지 않은 것은?

① 내담동물보호자의 생명이나 사회의 안전을 위협하는 경우 발생하면 정보를 공개해도 된다.
② 법적으로 정보공개가 요구될 때, 법원이 내담동물보호자의 허락 없이 사적인 정로를 밝힐 것을 요구 할 경우 공개해도 된다.
③ 사적인 정보의 공개를 요구하는 상황에서는 내담동물보호자에게 알린다.
④ 상담시작과 과정 중에 내담동물보호자에게 비밀보호의 한계를 알리고 비밀보호가 불이행되는 상황에 대해 인식시킨다.

> **해설** 법적으로 정보공개가 요구될 때에는 비밀보호원칙에서 예외지만, 법원이 내담동물보호자의 허락 없이 사적인 정보를 밝힐 것을 요구할 경우, 내담동물보호자와의 관계를 해칠 수 있기 때문에 정보를 요구하지 말 것을 법원에 요청한다.

정답 3 ① 4 ②

제5장 상담에 영향을 미치는 요인들

1 내담동물보호자 요인

내담동물보호자 요인은 상담에 대한 기대, 문제의 심각성, 동기, 지능, 정서 상태, 방어적 태도, 자아강도, 사회적 성취수준, 과거의 상담경험, 자발적인 참여도 등으로 나누어 볼 수 있다.

(1) 상담에 대한 기대

1) 내담동물보호자들은 상담에 대해 각기 다른 기대를 갖는다.
   ① '상담이 도움이 될거야!' 라고 기대하면 상담에 보다 적극적이고 참여적이다.
   ② '상담을 한다고 해서 뭐가 달라지겠어.' 라고 기대하면 상담에 저항적·소극적·비판적이다.
2) 기대는 상담의 진행방향과 결과뿐만 아니라 첫 면접 이후 상담을 계속할 것인가 아닌가를 결정하는데도 영향을 미친다.
3) 내담동물보호자들은 상담이 일반적으로 도움이 된다고 믿지만 자신에게도 도움이 될지에 대해서는 의문을 가진다.
4) 실제로 문제를 가진 사람들도 상담에 대해서는 별로 기대를 가지고 있지 않기 때문에 상담실을 찾지 않는다.
5) 내담동물보호자들은 경험이 많고 성실하며 신뢰할 수 있는 포용적인 동물행동상담사자를 기대한다.
6) 상담 초반에 내담동물보호자의 상담에 대한 기대를 탐색한다. 부정적인 기대를 가졌다면 관련된 경험과 과정을 다루어 보다 긍정적인 기대를 가질 수 있도록 동물행동상담사는 노력해야 한다.

7) 동물행동상담사에 대한 기대의 경향
① 여성일 경우 : 포용적이고 무비판적이기를 기대
② 남성일 경우 : 지식적이고 비판적이며 분석적이길 기대
③ 권위적인 내담동물보호자의 경우 : 지시적인 동물행동상담사 선호 경향
④ 비권위적 내담동물보호자의 경우 : 비지시적 동물행동상담사 선호 경향

(2) 문제의 심각성

문제가 심각한 경우와 가벼운 경우 중 어느 쪽이 상담효과가 좋을까를 살펴보면 다음과 같다.
1) 내담동물의 문제가 심각할수록 투자된 시간과 노력에 비해 상담의 효과가 적다.
2) 내담동물의 상태가 이상행동적 문제가 심각할 경우는 수의사와 협의하여 약을 복용하면서 상담을 병행해야 한다.
3) 문제가 지나치게 가벼운 경우는 상담동기가 낮고 문제가 분명하지 않아서 상담의 진전이 늦을 수 있다.

(3) 상담에 대한 동기

1) 상담에 대한 동기가 클수록 상담효과가 높기 때문에 동물행동상담사들도 동기가 높은 내담동물보호자를 선호한다.
2) 상담 초기에 상담에 대한 동기를 높이는 것이 성과에 큰 영향을 미친다.
3) 상담에 대한 대가로 요금을 지불하는 것도 상담에 대한 동기를 증가시키기 때문에 결과적으로 상담효과를 높일 수 있다.
　예) 상담료 지불, 상담에 대한 교육, 동물행동상담사의 전문성, 치료예후 안내

(4) 지 능

지능이 높은 내담동물보호자일수록 다음과 같은 특징이 있다.
1) 동물행동상담사의 의도를 잘 파악한다.
2) 문제를 분석하고 통합하는 능력이 높다.
3) 자기이해가 빠르고 개입이 효과적이다.
4) 상담효과가 높다.

(5) 정서 상태

1) 내담동물보호자의 불안이 클수록 변화에 대한 동기가 강하고 상담에 대한 준비가 되어 있을 가능성이 높으나 지나친 불안 수준은 오히려 방해가 될 수 있으므로 불안 수준을 낮추는 개입을 먼저 해야 한다.
2) 심한 불안, 우울증, 긴장 등을 경험하고 있는 내담동물보호자는 이런 정서 상태에서 벗어나기 위해 상담에 적극적으로 참여한다.
3) 불편감 및 고통을 어느 정도 경험하고 있어야 동기가 높으며, 만성화되어 있는 경우는 동기가 낮고 상담 성과도 또한 낮다.

(6) 방어적 태도

1) 방어기제가 무너진 상태

내담동물보호자의 정서적 혼란이 심하면 자아의 적응 및 기능이 무너져 버린 상태에서 상담이 어렵다.

2) 방어기제가 지나치게 강한 상태

불안 및 갈등의 원인을 근본적으로 탐색 또는 직면하지 않으려는 경향이 강하기 때문에 상담과정에서의 저항적 요소로 작용한다.

3) 바람직한 자아방어

상담에서는 적절한 정도의 자아방어가 바람직하다.

(7) 자아 강도(Ego Strength)

1) 자아 강도가 높은 내담동물보호자는 불안이 심해도 상담 효과의 전망이 좋다.
2) 자아 강도가 강하면 자기의 불안을 통제할 수 있으며 충동적인 감정을 함부로 발산하지 않는다.
3) 문제 해결 과정에서의 어려움을 견딜 수 있다.
4) 자아 강도 수준이 높을수록 상담효과가 높다.

(8) 사회적 성취 수준과 과거의 상담 경험

1) 교육수준, 경제적 수준, 사회적 수준이 높은 내담동물보호자는 비교적 상담효과가 좋다.
2) 과거에 상담을 받은 경험은 다음 상담의 효과를 촉진시키는데 별 도움이 되지 않을 수도 있다.

(9) 자발적인 참여도

1) 타인에 의해서 상담실에 오게 된 내담동물보호자와는 효과적인 상담이 어렵다.
2) 비자발적인 내담동물보호자는 저항이 크기 때문에 동물행동상담자에게 어려운 상황을 만든다.
3) 매우 방어적일 뿐만 아니라 동물행동상담자에게 적개심을 갖기도 한다.

(10) 바람직하지 못한 내담동물보호자의 행동 및 태도

내담동물보호자의 행동상담과정에서 바람직하지 못한 내담동물보호자의 행동 및 태도는 다음의 여러 형태로 나타날 수 있다.
1) 침 묵
2) 동물행동상담사에 대한 지나친 숭배, 순종 및 동조
3) 상담에 대한 과잉기대
4) 무의미한 내용의 진술
5) 상담 필요성의 부정 및 의심
6) 면접 중 불필요하게 많은 웃음거리(유머)
7) 동물행동상담사를 속이는 언행

2 동물행동상담사 요인과 상호작용 요인

(1) 동물행동상담사 요인

동물행동상담사 요인으로는 동물행동상담사의 경험과 숙련성, 성격, 지적 능력, 내담동물보호자에 대한 호감도로 나누어 볼 수 있다.

1) 동물행동상담사의 경험과 숙련성

① 내담동물보호자는 동물행동상담사가 많은 경험을 했고 숙련되어 있다고 지각되면 동물행동상담자를 신뢰하고 높은 기대를 갖게 된다.
② 동물행동상담사의 경험이 많으면 공감능력도 대체로 증가하고 상담과정에 대한 숙련도가 높아진다고 볼 수 있다.
③ 숙련성은 상담에 관한 이론적인 설명이나 지식보다는 실제로 상담관계를 이끌어 가는 중요한 요인이 된다.
④ 숙련된 동물행동상담사와 미숙한 동물행동상담사의 차이는 내담동물보호자를 이해하거나 의사소통을 하는 능력에서 나타난다.
⑤ 상담을 오래했다고 해서 그렇지 않은 사람에 비해 상담을 잘하는 것이 아니다.
⑥ 상담에서 가장 강력한 치료적 도구는 동물행동상담사 자신이다.

2) 동물행동상담사의 성격

① 한 인간으로서의 동물행동상담사의 태도는 기법보다 치료관계에 미치는 영향이 더 크다고 말할 수 있다.
② 동물행동상담사의 성격은 주로 활용하는 이론과 기법을 선택하고 사용하는 데 영향을 미친다.
③ 유능한 동물행동상담자
④ 모호한 상황을 참지 못하는 동물행동상담사는 지배성이 높고 자제력이 없거나 공격성이 강한 경우가 많다.
⑤ 남자 동물행동상담자는 평균 이상의 예민한 감수성이 요구되고, 여자 동물행동상담사는 보통 여성들보다도 자기주장적인 대담한 성격이 필요하다.

3) 동물행동상담사의 지적 능력

① 동물행동상담사의 지적인 능력이 상담결과를 결정하는 것은 아니고, 공감능력도 지적인 능력에 따라 좌우되지 않는다.
② 동물행동상담사의 지적 능력은 의사소통과 밀접한 관련이 있고, 지적 능력에 따라 상담에 필요한 반응과 전략을 생각해 내고 적절하게 전달하는 능력도 다르다.
③ 동물행동상담사의 지적능력이 우수할수록 상담이론과 기법을 정확히 이해해야 하고, 상담의 과정을 잘 파악하며, 내담동물보호자의 말과 행동의 의미를 더 잘 읽을 수 있다.

4) 내담동물보호자에 대한 호감도
   ① 내담동물보호자에 대한 호감이란 내담동물보호자가 동물행동상담사의 마음에 든다는 뜻이다.
   ② 내담동물보호자에 대한 호감도가 높을수록 우호적인 상담분위기가 조성되기 쉽고, 내담동물보호자에게 보다 수용적이고 온정적인 태도를 보일 뿐 아니라 공감수준도 높아진다.
   ③ 동물행동상담사는 대부분의 내담동물보호자에게 호감을 갖고 우호적인 관계를 형성할 수 있다.

3 가치문제

(1) 가치란?

1) 인간 생활의 책임과 행동과정에서 무엇이 바람직한가를 결정하는데 유용한 가설적 판단 기준이다.
2) 동물행동상담사와 내담동물보호자가 하는 모든 말과 행동에는 가치판단이 포함되어 있다.
3) 상담은 동물행동상담사가 내담동물보호자 스스로 자기의 가치를 탐구하고 분석 및 종합하는 기회를 가질 수 있도록 개방적인 대화의 분위기를 제공하는 것이다.

(2) 상담에 대한 동물행동상담사의 가치관

동물행동상담사가 자신의 가치를 먼저 아는 것이 필수적이다. 상담에 관한 가치는 다음과 같다.
1) 동물행동상담사는 인간존재의 가치, 존엄성, 잠재력 및 교육성을 믿는다.
2) 개인의 행동이 자신이나 타인에 대해 심각한 정도로 파괴적이지 않는 한, 개인의 자유로운 선택과 결정의 권리를 존중한다.
3) 내담동물보호자의 복리증진을 위해 노력하고 인간적 존엄성을 존중한다.

(3) 상담관계에 적용되는 인간적 가치

1) 인간은 자기생활의 결정자이며 자유로운 선택능력을 가지고 있다.
2) 인간은 자기와 타인에 대한 책임을 완수함으로써 발전이 있다.
3) 인간은 사랑·평화·우애를 지향하며 상담관계에서도 촉진되어야 한다.
4) 자아의 확대 및 성장을 위해서는 자신과 타인에 대해 개방적이어야 한다.
5) 자신의 기본적인 신념과 행동양식을 정기적으로 반성해 봄으로써 인간적 성장을 가져온다.
6) 상담자는 자기의 인간적 가치관을 끊임없이 검토하며 이를 토대로 내담자를 만나야 한다.

5장 단원정리문제

상담에 영향을 미치는 요인들

01 다음 동물행동상담사에 대한 기대의 경향에 대한 설명으로 잘못된 것은?

① 여성일 경우 : 포용적이고 무비판적이기를 기대
② 남성일 경우 : 지식적이고 비심판적이며 분석적이길 기대
③ 권위적인 내담동물보호자의 경우 : 지시적인 동물행동상담사 선호 경향
④ 비권위적 내담동물보호자의 경우 : 비지시적 동물행동상담사 선호 경향

> **해설** 동물행동상담사에 대한 기대의 경향 중 남성일 경우 지식적이고 비판적이며 분석적이길 기대한다.

02 다음 지능이 높은 내담동물보호자에 대한 특징으로 옳지 않은 것은?

① 동물행동상담사의 의도를 잘 파악한다.
② 문제를 분석하고 통합하는 능력이 높다.
③ 자기이해가 빠르고 개입이 효과적이다.
④ 상담효과가 높지 않다.

> **해설** 지능이 높은 내담동물보호자는 동물행동상담사의 의도를 잘 파악하고, 문제를 분석하고 통합하는 능력이 높으며, 자기이해가 빠르고 개입이 효과적이며, 상담효과가 높다.

03 다음 바라직 하지 못한 내담동물보호자의 행동 및 태도에 대한 설명으로 옳지 않은 것은?

① 침묵과 상담에 대한 과잉기대
② 동물행동상담사의 대한 지나친 숭배, 순종, 동조
③ 무의식적인 내용의 진술
④ 상담필요성의 부정 및 의심

해설 내담동물보호자의 행동상담과정에서 바람직하지 못한 내담동물보호자의 행동 및 태도는 다음의 여러 형태로 나타날 수 있다.
1) 침 묵
2) 동물행동상담사에 대한 지나친 숭배, 순종 및 동조
3) 상담에 대한 과잉기대
4) 무의미한 내용의 진술
5) 상담 필요성의 부정 및 의심
6) 면접 중 불필요하게 많은 웃음거리(유머)
7) 동물행동상담사를 속이는 언행

04 다음 동물행동상담사의 요인과 거리가 먼 것은?

① 동물행동상담사의 경험과 숙련성
② 동물행동상담사의 성격
③ 동물행동상담사의 외모
④ 내담동물보호자에 대한 호감도

해설 동물행동상담사의 요인으로는 동물행동상담사의 경험과 숙련성, 지적 능력, 내담동물보호자에 대한 호감도로 나누어 볼 수 있다.

05 다음 설명을 읽고 해당하는 용어를 고르시오.

> 인간 생활의 책임과 행동과정에서 무엇이 바람직한가를 결정하는데 유용한 가설적 판단 기준이다.

① 가치
② 상담
③ 라포형성
④ 지적능력

해설 가치란 인간 생활의 책임과 행동과정에서 무엇이 바람직한가를 결정하는데 유용한 설적 판단 기준이다.

정답 1 ② 2 ④ 3 ③ 4 ③ 5 ①

06 다음 동물행동상담자의 요인 중 성격에 대한 설명으로 거리가 먼 것은?

① 한 인간으로서의 동물행동상담사의 태도는 기법보다 치료관계에 미치는 영향이 더 크다고 말할 수 있다.
② 동물행동상담사의 성격은 주로 활용하는 이론과 기법을 선택하고 사용하는 데 영향을 미친다.
③ 유능한 동물행동상담사
④ 모호한 상황을 참지 못하는 동물행동상담사는 지배성이 낮으며 자제력이 높고 공격성이 강한 경우가 많다.

> **해설** 동물행동상담사의 성격은 모호한 상황을 참지 못하는 동물행동상담사는 지배성이 높고 자제력이 없거나 공격성이 강한 경우가 많다.

07 다음 상담관계에 적용되는 인간적 가치에 대한 설명으로 옳지 않은 것은?

① 인간은 자기생활의 결정자이며 자유로운 선택능력을 가지고 있다.
② 인간은 사랑·평화·우애를 지향하며 상담관계에서도 촉진되어야 한다.
③ 자아의 확대 및 성장을 위해서는 자신과 타인에 대해 비개방적이어야 한다.
④ 자신의 기본적인 신념과 행동양식을 정기적으로 반성해 봄으로써 인간적 성장을 가져온다.

> **해설** 상담관계에 적용되는 인간적 가치는 다음과 같다.
> 1) 인간은 자기생활의 결정자이며 자유로운 선택능력을 가지고 있다.
> 2) 인간은 자기와 타인에 대한 책임을 완수함으로써 발전이 있다.
> 3) 인간은 사랑·평화·우애를 지향하며 상담관계에서도 촉진되어야 한다.
> 4) 자아의 확대 및 성장을 위해서는 자신과 타인에 대해 개방적이어야 한다.
> 5) 자신의 기본적인 신념과 행동양식을 정기적으로 반성해 봄으로써 인간적 성장을 가져온다.
> 6) 상담자는 자기의 인간적 가치관을 끊임없이 검토하며 이를 토대로 내담자를 만나야 한다.

정답 6 ④ 7 ③

제6장 유능한 동물행동상담사

1 유능한 동물행동상담사 효과성

(1) 유능한 동물행동상담사 효과성의 정의

효과적인 상담내용의 구성이라든가 효과적인 상담과정의 진행 등 내담동물의 변화와 관련되는 개념으로 내담동물의 학습을 증진시킬 수 있는 다양한 형태의 유능한 동물행동상담사 행동이라고 정의할 수 있다.

(2) 유능한 동물행동상담사 효과성에 대한 변인

1) 효과적인 유능한 동물행동상담사의 특징

① 상담목표를 진술한다.
② 교자재를 사용한다.
③ 미리 상담 교자재를 준비하고 있다.
④ 상담을 뒷받침할 교자재를 갖추어 놓고 있다.
⑤ 내담동물보호자에게 명확한 방향을 지시해 준다.
⑥ 명쾌하게 정보를 제공한다.
⑦ 상담해야 할 이유를 제공하고 탐색한다.
⑧ 상담 중에 내담동물보호자의 주의집중을 이끌어 낸다.
⑨ 내담동물이 학습 목표에 도달하기 위하여 내담동물보호자가 상담목표에 도달하게 한다.
⑩ 상담내용을 내담동물의 흥미와 적절히 관련시킨다.
⑪ 내담동물들이 도달해야 할 변화기준을 합리적으로 설정한다.

2) 효과적인 유능한 동물행동상담사의 조건

① 시간 배분
  ㉠ 배정된 시간 (located time)
    유능한 동물행동상담사나 상담소가 지정하는 상담 시간의 양
  ㉡ 상담 시간(instructional time)
    상담 중 순수하게 상담하는데 사용되는 시간
  ㉢ 학문적 학습 시간(academic learning time)
    내담동물보호자들이 주의집중을 함으로써 실제 상담을 수행하는 시간의 양

② 언어적 행동
  ㉠ 정보를 효율적으로 내담동물보호자들에게 전달할 수 있는 능력은 훌륭한 유능한 동물행동상담자의 자질로 구분된다.
  ㉡ 상담이 진행되는 상담에서 효과적인 언어 구사는 유능한 동물행동상담사에게 필수적이다.
  ㉢ 유능한 동물행동상담사의 명확한 말과 정확한 피드백은 유능한 내담 동물보호자 상담 효과성의 중요한 변인이다.

③ 상담이론 지식
  ㉠ 풍부한 상담이론에 대한 지식을 지닌 유능한 동물행동상담사일수록 자신들의 상담 내용을 보다 효과적으로 전달하며, 적절한 상담 전략을 사용하고, 내담동물보호자와의 언어적 상호작용에서 보다 자신감을 보이는 경향이 있다.
  ㉡ 유능한 동물행동상담사는 상담 준비를 충분히 하고, 실제적인 예시를 제시하며, 내담동물들에 대한 진단적 정보를 충분히 활용해야 한다.

④ 교육학 지식
  ㉠ 대부분의 효과적인 유능한 동물행동상담사는 학습 지도안을 어떻게 작성하는지 잘 알고 있으며, 상담과정의 원리에 대해 정통하다. 또한 각각의 원리를 결합할 수 있고, 언제 어느 부분에서 어떤 내용을 가르쳐야 할지 잘 알고 있다.
  ㉡ 상담학과 행동학 지식이 풍부할수록 유능한 동물행동상담사로서의 성공 가능성이 커질 수 있다.

3) 유능한 동물행동상담사의 행동 특성

① 상담과정에서의 배려(caring)
- ㉠ 배려는 상대방에 대해 공감하고 그들을 보호하며 성장하도록 노력을 기울이는 것이다.
- ㉡ 상담은 유능한 동물행동상담사와 내담동물의 유대관계나 신뢰관계와 같은 기존에 형성된 관계위에서 이루어지는 과정이다.
- ㉢ 상담에 대한 배려의 관점은 유능한 동물행동상담사와 내담 동물이 가르치고 배우는 과정 중에서 경험한 것이 자신이나 상대방에 대한 지각을 형성하게 하며, 이러한 지각이 이후 상담과정에 어떠한 영향을 미치는지를 포함하는 것이다.
- ㉣ 내담동물이 느끼는 유능한 동물행동상담사의 배려는 학습에 대한 태도와 학습동기에 긍정적 영향을 줄 수 있다.
- ㉤ 유능한 동물행동상담사의 배려는 상담 상황에서 일어난 문제를 해결하고자 할 때 문제가 일어난 맥락을 세부적인 사항과 내담동물보호자와의 개별적 관계에 입각하여 해결책을 생각한다.
- ㉥ 유능한 동물행동상담사가 내담동물을 배려하고자 할 때 유능한 동물행동상담사는 스스로를 독려하여 개별 내담동물을 이해하고 그들에게 가장 적합한 상담법을 찾기 위해 노력한다.
- ㉦ 유능한 동물행동상담사 자신의 배려가 내담동물에게 의미 있는 것으로 나타났을 때 유능한 동물행동상담사는 자신에 대해 만족감과 긍지를 가지게 된다.

② 배려심 있는 동물행동상담사의 특징
- ㉠ 내담동물에게 다가가려 하고 내담동물을 기쁘게 맞이한다.
- ㉡ 학습의 결과보다는 과정과 노력을 강조한다.
- ㉢ 내담동물이 학습에 참여할 기회를 다양하게 제공한다.
- ㉣ 내담동물과 내담동물보호자에게 안전하고 지원적인 학습 분위기를 만들어 준다.

(3) 유능한 동물행동상담사의 효능감

1) 유능한 동물행동상담사 효능감의 정의

① 유능한 동물행상상담사 효능감이란 유능한 동물행동상담사는 자신의 가르치는

행위가 내담동물의 학업성취를 향상시킬 수 있으며 자기 자신이 그러한 역할을 잘 해낼 수 있을 것이라는 믿음이다.

② 유능한 동물행동상담자 효능감은 Bandura의 이론에 기초하고 할 수 있으며 일반적 상담효능감과 개인적 유능한 동물행동상담자 효능감으로 구분된다.

2) 동물행동상담사 유형

구분	효능감이 높은 동물행동상담사	효능감이 낮은 동물행동상담사
개인적 성취에 대한 지각	내담동물과 함께하는 일을 긍정적으로 여기며, 긍정적인 영향을 미칠 수 있다고 본다.	자신의 상담직무에 대해 자주 실망하고 좌절한다.
내담동물의 성취에 대한 기대	내담동물의 진보를 기대하며, 내담동물이 자신의 기대를 실현해 줄 것으로 기대한다.	내담동물의 변화에 대해 실패하는 것을 예상하지 않으며, 상담에 대한 노력을 기울이지 않고 부정적인 행동이 많다.
내담동물의 학습에 대한 책임감	내담동물이 변화목표에 도달한 정도를 아는 것은 자신의 책임이며 내담동물의 실패를 자신의 책임이라 생각하고 좀 더 도움이 될 만한 방향으로 자신의 상담기술을 검토한다.	내담동물에 대해 상담하는 것에는 자신에게 책임을 두지만, 내담동물의 실패는 내담동물의 가정환경이나 능력, 동기, 태도 등의 관점에서 그 이유를 설명한다.
목표달성을 위한 전략	상담을 계획하고 목표를 수립하고 달성하기 위한 전략을 세운다.	특별한 목표를 가지지 않으며, 목표달성에 대한 확신을 가지지 못하고 전략도 세우지 않는다.
정서	가르치는 행위와 학습자에 대하여 존재가치를 인정한다.	내담동물에 대하여 부정적인 태도를 갖고 실망을 자주 표현한다.
내담동물 통제관	자신에게 내담동물의 변화에 대한 영향력이 있음을 확신한다.	내담동물에 대해 무력감을 경험한다.
민주적 의사결정	변화목표달성을 위해 목표와 전략을 결정하는 데 내담동물을 포함시킨다.	내담동물의 변화전략과 목표들을 강제로 부과하고 의사결정을 독단적으로 한다.

2 유능한 동물행동상담사의 기대

(1) 유능한 동물행동상담사의 기대효과

유능한 동물행동상담사 기대란 유능한 동물행동상담사가 내담동물에 대한 지각체로서 동물행동변화에 관한 내담동물들의 개별적인 가능성에 대하여 가지는 태도라고 정의할 수 있다.

1) 유능한 동물행동상담사의 기대효과

① 자기충족적 예언(self-fulfilling prophecy)
② 기대유지 효과(sustaining expectation effect)
③ 유능한 동물행동상담사의 기대효과 형성과정(Good & Brophy, 1991)

2) 유능한 동물행동상담사 기대의 부정적 효과 피하기와 칭찬

① 유능한 동물행동상담사 기대의 부정적 효과 피하는 전략
  ㉠ 내담동물보호자의 면접기록부터 변화양상까지의 전 과정에 대하여 다른 유능한 동물 행동상담자의 평가에서 얻을 수 있는 정보를 조심스럽게 사용해야 한다.
  ㉡ 집단 편성에서 융통성을 가진다.
  ㉢ 모든 내담동물이 도전받고 있음을 확신시킨다.
  ㉣ 내담동물 행동 중에 변화도가 낮은 내담동물이 어떻게 반응하는지에 관심을 기울인다.
  ㉤ 평가나 훈련의 절차에서 공정하다.
  ㉥ 내담동물보호자에게 모든 내담동물이 변화할 능력을 가지고 있다는 사실을 알린다. 그리고 보상을 통해 내담동물도 이를 알게 한다.
  ㉦ 모든 내담동물이 변화과제에 참여하도록 유도한다.
  ㉧ 유능한 동물행동상담자의 비언어적 행동을 점검한다.

② 내담동물보호자에 대한 효율적인 칭찬과 비효율적인 칭찬

효율적인 칭찬	비효율적인 칭찬
1. 칭찬할 경우가 생겼을 때만 칭찬한다.	1. 아무 때나 생각 없이 그냥 칭찬한다.
2. 잘한 것만을 분명하게 칭찬한다.	2. 그냥 전체적으로 잘했다고 칭찬한다.
3. 내가 주의 깊게 지켜보았더니 잘하는 것을 보았다고 하면서 칭찬한다.	3. 지나가다가 우연하게 보았는데 잘하더라고 하면서 칭찬한다.
4. 어떤 판단 기준을 내세워 그것에 비추어 보니 잘했다고 칭찬한다.	4. 아무런 기준도 없이 그냥 너도 남들처럼 했으니 너도 잘한 것이라고 칭찬한다.
5. 무엇을 잘했는지 그것의 가치와 내용에 대해 구체적인 정보를 제공한다.	5. 아무런 구체적인 설명 없이 그냥 잘했다고 칭찬한다.
6. 내담동물보호자 자신이 과거에 수행한 것과 현재 수행한 것을 연계하여 칭찬한다.	6. 내담동물보호자 자신보다는 다른 학습자와 비교해서 얼마나 잘했는지를 보고 현재의 수행을 칭찬한다.
7. 내담동물보호자 자신이 무엇을 잘했는지를 분명하게 이해하도록 한다.	7. 무엇을 잘했는지 보다는 다른 내담자보다 얼마나 잘했는지를 따져 비교한다.
8. 어려운 과제를 해낸 값진 노력을 인정한다.	8. 기울인 노력에 대해서 언급하지 않는다.
9. 성공의 원인을 학습자의 노력으로 귀인하여 칭찬한다.	9. 성공요인을 운, 재수 등 다른 외적 요인에 귀인하여 칭찬한다.
10. 내담동물보호자가 성공을 거둔 과제에 관련된 행동에 초점을 맞추어 칭찬한다.	10. 동물행동상담사의 말에 네가 귀를 기울였기에 성공을 거두었다는 것 등에 초점을 맞추어 칭찬한다.

(2) 유능한 동물행동상담사의 동물행동 생활지도의 원리

1) 동물행동 생활지도의 원리

① 예방을 목적으로 한다.
② 모든 동물을 대상으로 한다.
③ 내담동물의의 자율적, 행동수정을 돕는 데 있다.
④ 연속적이고 장기적으로 운영되어야 한다.

⑤ 임상적인 판단에만 의존할 것이 아니라 과학적 정보를 근거로 정확하고 객관적 절차를 따라 실시되어야 한다.

2) 핵심적 동물행동상담

① 핵심적 상담 활동
  ㉠ 동물행동 생활지도의 핵심적인 활동으로 도움이 필요한 내담동물보호자와 전문적인 지식을 가진 동물행동상담사 사이의 인간관계를 통해 문제 해결능력을 신장시키고, 정신건강을 증진시키며 적응을 돕기 위한 활동이다.
  ㉡ 동물행동 상담활동은 내담동물보호자가 원하는 방향으로 진행되어야 하고 자발적 변화를 일으킬 수 있는 조건을 제공해야 하는데, 이를 위해 내담동물보호자의 선택과 결정을 존중하며 일상적인 문제에서 접근해야 한다.

② 추수 활동
  ㉠ 동물행동 생활지도를 받은 학생의 추후 적응 상태를 지속적으로 관찰하여 더욱 효과적으로 적응하도록 도와주는 활동이다.
  ㉡ 추수 활동은 상담이 끝난 후 내담자의 적응을 증진하기 위해 계속 지도하는 좁은 의미의 추수지도와 교육이나 동물행동 생활지도의 전체적인 성과를 체계적으로 계속 확인하는 넓은 의미의 추수지도로 구분할 수 있다.
  ㉢ 추수 활동을 통하여 내담동물의 행동 생활지도 계획 및 지도 방법을 반성, 평가하고 개선을 위한 자료로 활용할 수 있다.

6장 단원정리문제

유능한 동물행동상담사

01 다음 효과적인 동물행동상담사의 특징으로 옳은 것은 ?

① 상담목표를 진술하고, 교자재는 사용하지 않는다.
② 미리 상담 교자재를 준비하고 있다.
③ 상담 중에는 내담동물보호자의 주의집중을 이끌어 내는 행동을 하지 않는다.
④ 정보를 사전에 제공하지 않는다.

> **해설** 효과적인 유능한 동물행동상담사의 특징으로 상담목표를 진술하고, 교자재를 사용한다. 그리고 정보를 사전에 제공하며, 상담 중에는 주의집중을 이끌어내는 행동을 하여 상담의 효과를 높여야 한다.

02 다음 설명을 읽고 동물행동상담사의 시간배분에 대한 정의를 고르시오.

상담 중 순수하게 상담하는데 사용되는 시간

① 상담시간　　　　　　② 배정된 시간
③ 학문적 학습시간　　　④ 휴식시간

> **해설** 상담 중 순수하게 상담하는데 사용되는 시간은 상담시간이다.

03 다음 효과적인 유능한 동물행동상담사의 조건으로 옳지 않은 것은?

① 시간배분　　　　　　② 비언어적 행동
③ 상담이론 지식　　　　④ 교육한 지식

> **해설** 유능한 동물행동상담사에 조건으로는 시간배분, 언어적 행동, 상담이론 지식, 교육학 지식이 해당된다.

04 다음 배려심 있는 동물행동상담사의 특징으로 옳지 않은 것은?

① 내담동물에게 다가가려 하고 내담동물을 기쁘게 맞이한다.
② 과장과 노력보다는 결과를 강조한다.
③ 내담동물이 학습에 참여할 기회를 다양하게 제공한다.
④ 내담동물과 내담동물보호자에게 안전하고 지원적인 학습 분위기를 만들어 준다.

해설 배려심 있는 동물행동상담사는 학습의 결과보다는 과정과 노력을 강조한다.

05 다음 내담동물보호자에 대한 효율적인 칭찬으로 옳은 것은?

① 잘한 것만을 분명하게 칭찬한다.
② 어떤 판단 기준을 내세워 그것에 비추어 보니 잘했다고 칭찬한다.
③ 지나가다가 우연하게 보았는데 잘하더라고 하면서 칭찬한다.
④ 내담동물보호자 자신이 무엇을 잘했는지를 분명하게 이해하도록 한다.

해설 지나가다가 우연하게 보았는데 잘하더라고 하면서 칭찬하는 것은 비효율적인 칭찬이다.

06 동물행동 생활지도의 원리로 옳지 않은 것은?

① 예방을 목적으로 한다.
② 모든 동물을 대상으로 한다.
③ 내담동물의의 자율적, 행동수정을 돕는 데 있다.
④ 비연속적이고 장기적으로 운영되어야 한다.

해설 동물행동 생활지도의 원리로서 연속적이고 장기적으로 운영되어야 한다.

정답 1② 2① 3② 4② 5③ 6④

저자 명단 및 약력

본 수험서는 민간자격 인증된 '동물행동상담사' 자격시험을 위해 한국동물매개심리치료학회 동물행동상담사 자격위원회에서 공식 출간하였으며, 동물행동상담 관련 각 대학의 교수님들께서 참여하여 공동으로 집필하였습니다.

◆ **대표저자** ◆

김옥진(원광대학교)
김현주(서정대학교)
박철(전북대학)
손민우(원광대학교)
이현아(원광대학교)
홍선화(원광대학교)

◆ **집필진** ◆

강원국(원광대학교)
김병수(공주대학)
김옥진(원광대학교)
김현주(서정대학교)
박철(전북대학)
손민우(원광대학교)
오홍근(원광대학교)
이형석(우송정보대학)
이현아(원광대학교)
임은경(원광대학교)
이시종(원광대학교)
정영호(중부대학교)
정태호(중부대학교)
조기래(서정대학)
최인학(중부대학교)
하윤철(천안연암대학)
황인수(서울호서전문학교)
홍선화(원광대학교)
박소라(경주대학교)

■ **한국동물매개심리치료학회**

○ 홈페이지 주소 : http://www.kaaap.org
○ 주　　　소 : 54538 전북 익산시 익산대로 460,
　　　　　　　원광대학교 동물자원개발센터(內) 한국동물매개심리치료학회 사무국
○ 전화번호 : 063) 850-6089, 6668, Fax: 063-850-6089
○ 이 메 일 : kaaap@daum.net

동물행동상담사 자격수험서

발 행 / 2019년 8월 30일		판 권
		소 유
저 자 / 한국동물매개심리치료학회		
동물행동상담사 자격위원회		
펴 낸 이 / 정 창 희		
펴 낸 곳 / 동일출판사		
주 소 / 서울시 강서구 곰달래로31길7 (2층)		
전 화 / 02) 2608-8250		
팩 스 / 02) 2608-8265		
등록번호 / 제109-90-92166호		

이 책의 어느 부분도 동일출판사 발행인의 승인문서 없이 사진 복사 및 정보 재생 시스템을 비롯한 다른 수단을 통해 복사 및 재생하여 이용할 수 없습니다.

ISBN 978-89-381-1275-0-13520

값 / 18,000원